East West

東·西邂逅萌寶貝

瑞莎×Nika的

幸福零買評教養日記。

瑞莎 著

我們一起手牽手，
繼續往前進

給Nika：

　　自從妳來到我的生命裡後，我的世界變得有意義，明亮。我常常希望時間能夠就此暫停，讓我們永遠停留在這一刻。但我們必須繼續走下去，一起手牽著手，沒有任何畏懼。我們永遠會在一起，在彼此的心中。

　　我真的好開心看著妳發掘這個世界，慢慢的變成一個美好的，勇敢的，聰明的，善良的人。每天看著妳學習新事物，在妳的身邊，是我一天裡最開心的時光。

　　我對我們未來的這段旅途非常的期待。我要妳知道，我會永遠在妳身邊，支持著妳。我知道妳會長大成為一個內在和外在都美麗的人，勇敢，聰明，堅強。我希望妳能永遠快樂，當妳快樂，我就快樂。

Love, Mommy

（瑞莎，寫於2019.05.28）

給 Nika ♥

　　自從妳來到我的生命裡後，我的世界變得有意義，明亮。我常常希望時間能夠就此暫停，讓我們永遠停留在這一刻。但我們必須繼續走下去，一起手牽著手，沒有任何畏懼。我們永遠會在一起，在彼此的心中。

　　我真的好開心看著妳發掘這個世界，慢慢的變成一個美好的，勇敢的，聰明的，善良的人。每天看著妳學習新事物，在妳的身邊，是我一天裡最開心的時光。

　　我對我們未來的這段旅途非常的期待。我要妳知道，我會永遠在妳身邊，支持著妳。我知道妳會長大成為一個內在和外在都美麗的人，勇敢，聰明，堅強。我希望妳能永遠快樂，當妳快樂，我就快樂。

Love,
　　Mommy

女兒Nika今年9月就要滿3歲，瑞莎心中有許多的感觸，親筆用中文寫了一封信給她。

Nika快1歲時，瑞莎也寫過一封中文信給女兒，網友紛紛讚賞她的中文程度，更被信中滿溢的母愛感動。

Nika ♥

這個月妳要1歲了，美麗又堅強的女孩，我的天使

在過去的一年裡，妳是我最大的擔心，也是我最大的快樂。我們每天在一起，一起笑，一起跳舞，一起唱歌，一起發掘這個美好的世界，這一年是我這輩子最好的一年。

當我想到妳還沒出生時，我的生命裡就好像少了什麼，是妳讓我的生命更加完整。

當妳學習，我也跟著妳一起。

當妳第一次睜開眼睛看著我，我立刻知道了解什麼是什麼的愛。

當妳學會翻身，我學會不要因為太興奮而尖叫，怕嚇到妳。

當妳學會笑，我才了解到妳的笑聲是我在世界上聽過最好聽的聲音。

當妳學會坐，我就知道，妳很快就會長大了。

當妳學會爬，即使知道妳不會讓任何事情打敗妳。

當妳學會走，扶著桌站起來，我學會了凡事都要放手讓妳去做。

我很期待著妳健康，快樂，強壯，勇敢，無論如何我都會永遠在妳身邊支持妳。 LOVE，MOM

Happy 1st Birthday, Anika

目錄 Contents

Part 1 沒有100分的媽咪

014 ／ 當媽咪的完美時間點

020 ／ 我怎麼可能懷孕？

026 ／ 好孕臨門，打亂計畫

028 ／ 就叫Nika！

031 ／ 瑞莎的孕期這樣吃

036 ／ 孕期不適：像豬蹄一樣的水腫

040 ／ 懷孕禁忌，這些事情不能做？

043 ／ 原來胎動是這樣！

045 ／ 孕婦瑜伽，幫助媽媽定神安胎

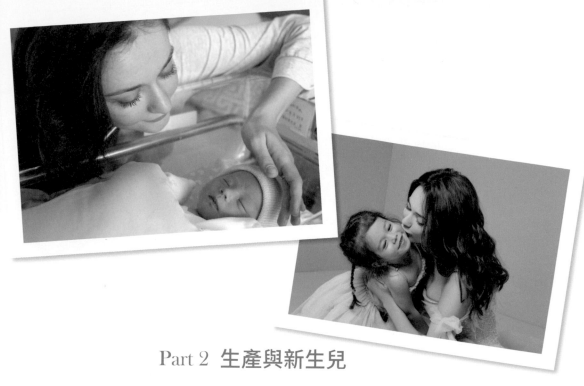

Part 2 生產與新生兒

052 ／ Nika出生是聖母瑪利亞的恩典

060 ／ 和寶貝的第一次親密接觸

065 ／ 老外不坐月子？

070 ／ 我選擇在家坐月子

073 ／ 什麼？！連老公都不能抱小孩

080 ／ 謝絕訪客！大家別來看我的小孩

084 ／ 訓練新生兒睡過夜

086 ／ 奶太多、奶變少，都是種困擾

090 ／ 小寶寶就不能出門嗎？

Part 3 建立寶寶生活常規，媽媽輕鬆好育兒

100 ／ 我看時鐘養小孩

102 ／ 觀察寶寶的睡眠週期

104 ／ 新生兒也要訂定作息表

114 ／ 帶小孩一起多曬太陽

117 ／ 嬰兒按摩怎麼做？

127 ／ 太常摸小孩的臉，口水會流不停

130 ／ 不要「舉高高」，也不要搖小孩

133 ／ Nika的第一口副食品居然是櫛瓜

138 ／ 6歲前要打好健康的基礎

141 ／ 要不要給奶嘴？ Yes，我給！

144 ／ 10個月大開始訓練不包尿布

Part 4　教養是條漫長路

154　／　不養「乖」孩子

158　／　運動真的太重要了

164　／　「玩髒了」也是一種探索世界的方式

168　／　多用問句討論，少用命令句

172　／　打小孩，輸家永遠是爸媽

174　／　為什麼要讓小孩自己想答案？

177　／　被欺負就要學會保護自己

182　／　放下手機，陪孩子一起下場玩

185　／　睡自己的床！別跟爸媽睡

190　／　老公是最好的「神隊友」

194　／　1歲打耳洞有何不可呢？！

200　／　分離焦慮症該怎麼辦？

205　／　看手機不是重點，重點在陪伴

206　／　四國母語，小孩會混淆？！

210　／　當藝人媽媽，我不怕丟臉

Column　專欄

042　／　孕婦能搭飛機嗎？

058　／　自然ㄟ尚好！下一胎，考慮水中生產

083　／　狗狗是Nika成長過程中的好夥伴

094　／　拒當小腹婆，產後這樣做

122　／　嬰兒按摩的步驟

188　／　嬰兒床也是一門大學問

198　／　喜歡天生的自己

Part 1

沒有100分的媽咪

不可能有做好100%的準備，才當媽媽的時候。

因為要擔心的事情太多、太雜了，一輩子永遠煩惱不完。

「當媽媽」這件事，不需要想太多，放開膽子去做就對了！

當媽咪的完美時間點

我一直認為，面對每件事情一定要努力付出，才會有收穫，所以凡事我都盡可能做好萬全的準備，先訂定目標，再全力去做。但是，唯獨懷孕生產這件事，我完全沒有做足準備和努力，竟然就有了小孩，真是太不可思議了。

我很喜歡和小朋友相處，但沒想過自己有一天會當媽媽。為什麼呢？

因為我擔心很多，怕自己能給孩子的不多、怕不夠資格當一個好母親……，所以我一直覺得要「準備好了」再當媽媽。

然而，生過小孩之後，我才發現：**不可能有做好100%的準備，才當媽媽的時候。**

要擔心的事情太多、太雜了，一輩子永遠煩惱不完。「當媽媽」這件事，不需要想太多，放開膽子去做就對了！

那麼，到底什麼時間點，才是最適合生小孩的時機呢？

單身時，我覺得如果沒有做好充足的準備前，最好不要生；不少人的觀念則是覺得結婚後2～3年，等經濟基礎穩定、夫妻生活磨合一段時間，是比較好的生育時機。但自從我當了媽媽之後，現在的我會說：「趕快生！」

我真的很後悔：「唉呀，為什麼不早一點生？」

　　年輕時，我曾經幻想過在24歲生小孩。我的母親就是在24歲那年生下我，我希望像她一樣，也覺得年輕媽媽才會有足夠的體力，陪孩子一起長大。

　　後來到了台灣工作、定居，隨著人生經歷增加，以及身邊有不少高齡生產的朋友，加上一直沒有把握當100分的媽媽，於是心中就把成為母親的年紀延後，默默設定了一個35歲的隱形年齡，甚至更老都可以（只要生得出來的話）。

　　BUT！一切的想像與設定，都在遇到現在的老公Mike之後改變了。從我們開始穩定交往，我就很想和他一起有個小孩。

♡ 車諾比核災，我有1/3不孕症機率

我的心底深處一直有個很擔心的祕密，那就是：受到車諾比核災影響，我可能有「不孕症」。

1986年4月26日，在烏克蘭的車諾比核電廠發生反應爐破裂，大量放射性物質釋放，甚至被公認為史上最嚴重的核災事件。

核災發生時我大約1歲多，雖然我居住的奧德塞地區，與車諾比相隔將近600公里遠，開車也要6、7個小時，但畢竟核災的影響是全面性的。30多年來，有相當多的研究已經證實，在烏克蘭和我年齡相近的女孩，每3個就有1個無法懷孕，極可能就是因為當初車諾比事件的影響。

換句話說，我有1/3的機率是不孕症。

剛和老公Mike交往時，我就很誠懇地告訴過他，我可能是車諾比事件的受害者、有1/3的機率無法懷孕。

但Mike居然說，不管我能不能生育，他都堅持要繼續交往。他說，他愛的是我，並不會因為有或沒有小孩而改變。

後來，Mike求了好幾次婚，我遲遲不敢答應。

有一陣子我感到很害怕，怕自己沒辦法帶給他快樂。我說，先去做婚前檢查吧。但他堅持不用，他認為如果真的證明不孕，結果只會讓我更難過。

他說：「如果婚後過了幾年真的生不出來，那麼我們領養小孩吧！」這句話讓我感動不已，更加認定眼前這個男人會是一輩子的真愛。

Mike和我在2015年夏天結婚了，我們7月在峇里島舉辦非常浪漫的婚禮。那年我30歲。

我父親在烏克蘭當過多年執業醫師，他以醫師的專業角度建議我，最好在剛結婚不久，就趕快受孕。因為新婚的伴侶還處在熱戀階段，一看到對方就會充滿愛意、心臟蹦蹦跳個不停，體內與浪漫、激情有關的荷爾蒙都處在高峰，特別容易受孕。

在一起愈久，就愈不容易生出孩子，因為身體習慣了沒有懷孕的狀態，有的夫妻甚至連愛做的事都顯得性趣缺缺，受孕的機率自然大大降低。

我爸媽從14歲唸書時就是學生情侶，兩人愛情長跑到19歲結婚，結婚5年後才生下身為長女的我。

聽了爸爸的話，我心想：「好吧！既然爸媽花了5年時間，那我也替自己設定最長5年的時間來受孕吧。」

猜猜看，我結婚多久後懷孕呢？

不到半年。很不可思議吧，下一節就要揭曉我驚奇的懷孕旅程。

瑞莎和老公Mike、女兒Nika一起拍全家福照片。

我怎麼可能懷孕？

婚後我們沒有避孕，不久之後，我接了一部動作戲，便出發到中國長沙拍片一個月。

當時拍的是動作戲，裡頭有不少打鬥的場面，經常需要跳躍、踢或打，還有幾次被人踹肚子的橋段，我都親自上陣，每天消耗大量體力，非常疲憊。

加上可能是飲食不適應，我的精神和胃口都相當差，那個月的生理期沒有來，我還以為是水土不服造成的。

在長沙的那一個月，拍戲空檔時，我還跟經紀人聊起車諾比核災的話題，擔心自己沒有辦法懷孕。

「如果真的無法受孕，我和老公想去領養小孩。」我當時這麼說著。

婚後沒多久，我就已經有領養小孩的打算了。如果自己沒辦法生，我會領養小孩、把他當作親生的一樣愛護和教養。

有一些家庭因為養不起孩子，不得已把小孩送到育幼機構，透過法律的程序，讓他人可以合法領養（收養）。我也曾前往這些機構看過，他們都是很棒的孩子。

♡ 寶寶，謝謝你緊緊跟著我

結束為期一個月的拍戲工作，回台灣後，我的腸胃更加不舒服了，沒有任何食慾。平常胃口很好、食量和男生一樣大的我，看到最愛吃的肉，竟然變得完全不想進食，只勉強吃得下水果與一點點白飯。

當時以為是出國工作太勞累的關係，因為怕營養不夠，我每天都喝拿鐵咖啡，不但可以提神，也多少補充一點來自牛奶的鈣質。

由於胃口實在太差了，後來我去腸胃科掛號，沒想到醫生詢問我的症狀之後，又問了一句：「你月經多久沒來？」

咦——我這才發現，月經已經遲到至少半個月了。

過沒多久，我便轉診到婦產科。這一看不得了，醫師直接用超音波掃我的肚子，不僅一下子就照出胚胎，居然還聽到胎兒「碰、碰、碰」的心跳聲。

醫生說：「恭喜！你要當媽媽了！」

天啊！我怎麼可能會懷孕？！

瑞莎的育兒手札

關於收養這件事

　　忠義育幼院是合法的收出養機構之一，我帶Nika去過好幾次，陪育幼院的孩子們一起玩耍和說故事。他們除了缺少親生父或母之外，其他都跟一般孩子沒兩樣，讓人好疼愛！

參考資訊

- 衛福部「兒童及少年收養資訊中心」
  官網http://www.adoptinfo.org.tw
- 忠義基金會官網 http://www.cybaby.org.tw/

聽到醫生的宣判，我驚嚇到當場大叫，心裡一點準備都沒有。接著，眼淚便不聽使喚，我忍不住在診間大哭了起來，心裡既快樂又百感交集。

一下子笑、一下子哭，陪同前來的老公也受到影響，陪我流下感動的眼淚。我太過誇張的反應，讓溫馨的場面頓時變得有點搞笑。

醫師說：「通常胎兒要6週以上才能照到心臟。你的胎兒現在才5週又6天大，就能驗出心跳，表示這個孩子『很堅強』，他決定要緊緊跟著你。」

聽到「很堅強」三個字，我又哭了，覺得自己真是一個很差勁的準媽媽。

我腦中浮現很多在拍動作片時被打、被踹的畫面，並且一直使用到腹部的力氣，回想起來，還真是讓人想大喊：「Oh My God！」我那陣子還吃得很不營養，甚至喝咖啡，這些都是可能導致流產的高風險行為啊。

非常感謝上帝，儘管我完全沒有準備好要當媽媽，但祂還是決定讓寶寶住在我的肚子裡，而且緊緊抓住我。

我媽媽說在懷我的時候，也不知道自己懷孕，還去俄羅斯的高山上參加了兩個月的體驗營活動，划船、泛舟、溯溪，極限運動樣樣都來。媽媽後來知道懷孕也是傻眼，覺得自己怎麼如此不小心。

所以我是註定要跟著媽媽的，就像我的孩子跟定我一樣。我想，堅強的個性可能是家族的遺傳基因，從胚胎著床的那一刻就決定了。

太感恩了！能夠懷孕和生小孩，絕對不是我努力得來的，而是上帝賜予的禮物。

之前種種的設想和不孕的擔憂都是多餘的。我也想起之前和爸爸承諾過會努力5年，沒想到竟這麼幸運，懷孕這件事不是我原本設定的5年、也不是35歲，我居然在婚後不到半年就受孕了，大出意料之外。

這也證實了我沒有不孕症，真是太好、太好了！

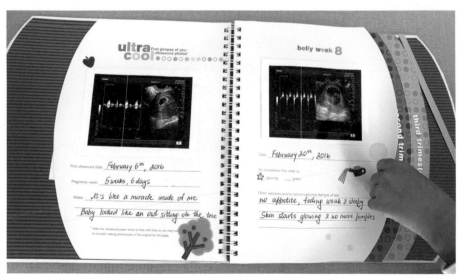

第一次產檢就看到寶寶的強烈心跳，感覺身體裡住了一個奇蹟。小小的胚胎好像貓頭鷹坐在樹上一樣，可愛極了！

好孕臨門，打亂計畫

離開婦產科之後，我手裡拿著熱騰騰的孕婦健康手冊，覺得一切好不真實。接著，開始緊張了起來，意外懷孕讓我措手不及，要做的事情太多了，當然，得趕快跟經紀人報告，他幫我談定了後續的工作，這些計畫需要緊急調整了。

懷孕這麼重要的人生大事，我不想在電話裡講，必須當面說。我跟經紀人說：「明天可以一起吃午餐嗎？我有重要的事要討論。」

隔天，爸爸和媽媽陪我一同赴約，才剛坐下來，我都還沒開口，眼淚就忍不住掉下來。

經紀人不愧是身經百戰的職場老手，只見他表情一派輕鬆，老神在在地說：「你懷孕了，對吧！」

我的淚水就像水龍頭一樣停不下來，經紀人看見我一直哭、一直哭，也不管後續工作的調度會多麻煩，只是安撫著我，真的謝謝他對我的包容與關懷。

♡ 搞定「房事」不簡單

生小孩前有好多事情要準備，其中一件麻煩的大事是：要住哪裡？

婚後我和老公、公婆一起住在台北市區的公寓，公婆對我非常好，居住空間也十分舒服，不過，如果增加了家庭成員，房間可能會不夠用。加上我父

母和弟弟都計畫要搬來台灣，勢必要有更大的房子才行。

另一方面，住在台北市區雖然生活機能方便，但我身為公眾人物，出門難免被路人關注，甚至被媒體鏡頭捕捉到私下的一面。我自己受到影響是其次，但不希望我的家人活在鎂光燈的注視下。

我希望小孩可以保有隱私、出門沒那麼多人指指點點；更希望小孩住在接近大自然的地方，能呼吸新鮮空氣、在安全的居家空間長大。

得知懷孕之後，我很快就面臨到買房子的壓力。

一邊急著在台北找房子，另一邊我和父母要想辦法賣掉在烏克蘭家鄉的2棟房子，才足以支付台灣新家的頭期款及部分貸款。

我們後來找到山區的獨棟住宅社區，環境非常好，我非常感謝Mike，他也和我共同承擔了房貸。壓大愈大，責任愈大，所以我們期許雙方接下來都要更努力工作。

從懷孕初期決定搬家，到找房、賣房、買房、裝潢……整個「房事」過程非常匆忙，不到8個月的時間，幸好最後有驚無險，到生產前10天，我終於挺著大肚子入住新家。

就叫Nika！

~~~~~~

記得小時候，我一直想要有個姊姊來保護我，然而身為長女，這是不可能的事啊。

既然沒辦法請媽媽生姊姊，那麼「請媽媽生個妹妹吧！」在我5、6歲大的時候，媽媽懷了第二胎，我一直拜託媽媽生個妹妹讓我照顧，我也早就想好了，如果是妹妹，就要叫她Veronika。

Veronika是希臘東正教的勝利女神，在希臘文裡更有「冠軍、戰勝」的涵意。

我好喜歡Veronika這個名字，當年一直希望媽媽生一個叫Veronika的妹妹來陪我，甚至幻想了有妹妹的畫面：興奮地幫忙準備著女孩的衣服、用品和玩具。

那個年代的產檢沒辦法事前得知胎兒是男是女，在期待了將近10個月，媽媽去醫院生產的那天，答案才揭曉：是弟弟。

唉呀！我當時好失落，甚至有一點生氣。雖然後來我和相差6歲的弟弟感情很好，但心裡總有一絲惆悵，真的好想要有個叫Veronika的女孩，出現在我的生命中啊！

輪到我自己懷孕的時候，其實心裡幾度浮現過小時候想要有個女孩陪伴的畫

面，但意外受孕已經是上天給的恩典，我不敢再奢望可以如願生女孩。所以從知道懷孕的那一刻起，我就先做好生男孩的準備，好減少自己的失落感。

老公則說，生男生女都沒問題，只叫我不要有壓力。

當胎兒約5個月大，產檢時醫師確定我懷的是女孩，我再次又驚又喜，一點心理準備也沒有，在診間當場抱著老公大哭了至少20分鐘，還反覆向醫生確認再確認。

童年的瑞莎和父母親合照。

離開醫院後，一想起肚裡的胎兒是女孩，我這個超級大哭包，又忍不住和老公抱頭哭成一團，因為我們倆實在太高興了。

沒想到我從小以來的心願，多年後居然美夢成真，小孩的名字想都不用想，就叫做Veronika（小名就是Nika）！

我一直習慣踏出每一步前都仔細計算、相信做任何事都要努力才能有收穫，但唯有生小孩這件事，我真的不知道做了什麼好事，才讓Nika來到我身邊。

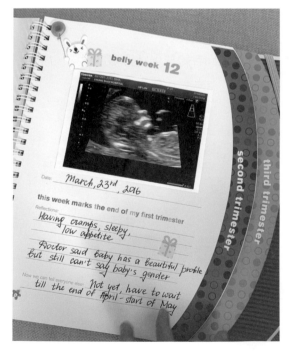

我把每一次產檢的超音波圖像都保留下來，並且寫下當時的心情。隔一段時間再看，都還是好感動。懷孕12週時，還不知道胎兒性別，但已經看得出側臉，醫生說胎兒的鼻子很挺、很高，是個漂亮寶寶。

瑞莎的孕期這樣吃

我應該是很適合懷孕的體質，因為有些孕婦需要刻意控制體重，我卻是拚命吃，整個孕期才胖7公斤。

但所謂的「拚命吃」，並不是什麼都吃下肚，像是不健康的零食、垃圾食物、含人工添加物的食品……這些非天然的食物，我會盡量避免，咖啡和酒當然也不行。

另外，易過敏的食物，如海鮮、蝦、生魚片，甚至連草莓、芒果這一類有疑慮的水果，食用時都要非常小心。

烹調方式最好是少油、少鹽，像懷孕後期我腳部水腫得相當嚴重，所以更加注意鹽份的攝取，口味非常清淡，幾乎是無鹽料理了。

不管吃什麼，最好的飲食原則是：**少量＋多元攝取＋淺嚐即止**。

因為各類食物含有不同的養分，彼此之間也無法完全互相取代，所以經常變化食材，才能夠攝取到多元的營養素。同時，若不小心吃到不好的東西，也不至於對身體造成過度傷害。

還有一個很重要的飲食原則：在晚上8點前吃完晚飯。之後就不要再吃了，千萬不要養成吃宵夜的習慣。

我當然也有半夜嘴饞、很想吃東西的時候，但我不想讓胎兒這麼淘氣，所以會對著肚皮說：「NO！」也跟自己心理喊話：「要忍住，要有原則，晚上8點後不吃。」

有人說，孕婦要少量多餐、多吃才能胖到胎兒，錯錯錯！

這些都是舊時的觀念，現代人的營養普遍過剩，而正常發育的胎兒所需要的營養，也不如我們想像中那麼多，所以懷孕後並不需要吃得比孕前多，吃太多其實是胖到媽媽。

我覺得懷孕後，味覺和口味的喜好會改變，在不同的孕期階段，胎兒想吃什麼，都會讓你知道。說起來很神奇，但這就是所謂的「母子連心」吧。

懷孕時，我也會自己打新鮮的蔬果汁來飲用。

準媽媽會變得有段時期想吃肉、有時想吃甜食……，孕期的不同階段需要的營養不太一樣，每個胎兒的需求也不同。

　　所以，傾聽自己的聲音，想吃什麼就吃，只要多元、別過量都是很OK的。

　　此外，有些孕婦怕頻尿、水腫，因此不敢多喝水。其實每天至少2,000c.c.的水，是非常重要的。喝水好處很多，可以改善孕婦常見的便祕問題，以及促進新陳代謝、幫助皮膚變好。

　　如果覺得水沒有味道，或是胃不舒服、孕吐，可以像我一樣喝氣泡水，幫助消化與腸胃蠕動

 瑞莎的育兒手札

孕期飲食原則

- 少量＋多元攝取＋淺嚐即止
- 在晚上8點前吃完晚飯
- 每天至少2,000c.c.的水

♡ 珍貴的水蜜桃插曲

可能是因為荷爾蒙改變的關係，不少孕婦會有口味喜好改變的情況，突然變得愛吃鹹或嗜甜。

印象最深刻的是，我懷孕時特別想吃水蜜桃。但那時沒經歷到冬天，並不是水蜜桃的產季，非產季的水蜜桃售價都不便宜，一顆居然要100多元。

路邊有時會出現專門賣水蜜桃的小貨車，一箱通常只有8顆或10顆，售價就要1千多元，雖然是我付得起的價錢，但還是覺得實在太貴，1千多元幾口就吃完了，CP值不高，所以一直跟自己喊話說「NO」，經常與意志力拔河。

老公Mike好貼心，他知道我捨不得吃，便會偷偷買回家，洗好、切好放在桌上，叫我趕快吃，他自己卻一口都不碰。老公說：「為了孩子，你多吃一點啊！」

雖然老公嘴巴上說沒關係，但我知道他也愛吃水蜜桃，只是他比我更捨不得吃。每次我吃水蜜桃，每一口都會放慢速度細細品嚐，感覺特別珍貴。

現在回想起來，在懷孕時每次吃水蜜桃，看著老公在旁邊吞嚥口水，實在覺得很不好意思，對另一半更是充滿大大的感謝。

哦，對了，猜猜看我女兒Nika現在最愛的水果是什麼？

答對了，就是水蜜桃！哈！

我2歲多（左）和差不多同年紀的Nika（右），長得幾乎一模一樣，女兒真是我的翻版。

孕期不適：像豬蹄一樣的水腫

我身高174公分，孕前體重差不多保持在55至56公斤之間。醫生希望我懷孕過程胖11公斤。即將生產前，我的體重達到人生最高峰：63公斤，一共只胖了7公斤。

每次產檢，胎兒的體重和數據都是正常的，所以媽媽胖瘦，和胎兒健康是沒有絕對關係的。

整個孕期中，印象最深刻的，就是每天一直在逼自己吃東西。特別在懷孕前期，我並沒有感到特別不舒服，只是比較疲憊、沒有胃口，體重反而還變輕了，我只好硬逼自己吃飯，努力把體重補上來。

懷孕7、8個月時我才胖4公斤，我到生產前只胖了7公斤，主要是最後1個月體重才快速增加。因為肚子一直很小，加上巧妙的穿衣技巧，直到孕期5個月時，肚子才凸出來，終於看起來有一點像孕婦了，大家才發現我懷孕。

當時我覺得自己是一隻手腳細長、有著凸肚的蜜蜂；到生產前，肚子愈來愈明顯，變成肚子圓滾滾的青蛙了，視覺比例好奇怪。因為太滑稽了，我還特別拍了照片記錄下來。

如果穿寬鬆衣服，或是從背後看，應該看不出來我是孕婦吧？

belly week 36

Date: September 9th, 2016

Notes: Almost 37 weeks! I went to prenatal yoga and teacher told me do not come to yoga anymore, haha. My bump went lower around 1 or 2 weeks ago so doctor said that we have 1-3 more weeks before Nika's arrival. Home is ready and my parents arriving on Sep. 13th. Lots of love and praying for daughters safe arrival.

懷孕後期，第36週，雖然我足部水腫嚴重，但手腳看起來還是細細長長的，像不像個滑稽的孕婦。

在整個孕程中，我沒有孕吐、不會
頭暈，甚至皮膚變好，髮質也變得很
亮，一般孕婦會產生的肌膚粗糙、掉
髮困擾，很幸運地，沒有發生在我身
上。

孕婦害怕的妊娠紋我也完全沒有，
可能因為**每天晚上洗完澡後，我會很
認真地在肚皮擦上按摩油來預防**。老
公非常體貼，他也經常幫我按摩。

唯一最困擾的問題是：懷孕後期，
我的腳部水腫得很嚴重。

在懷孕前9個月完全沒有任何問
題，一直到懷孕34週，我開始漸漸
感受到大家說懷孕會水腫這件事，而
且非常慘，雙腳變得超級腫，像一對
大豬蹄似的，十分驚人。原本38號
的腳脹到得穿42號鞋，足足大了將
近4個尺寸之多。一開始我會穿老公
41號的鞋子，沒想到後期竟然也穿
不下，真的太誇張了。

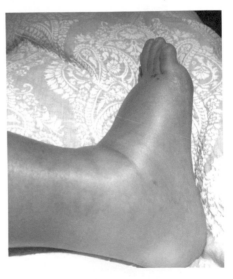

老公幫我按摩、舒緩不適（上）。懷孕後
期的腳，腫得像豬蹄一樣（下）。

不喝水的時候，可以讓我感到腳部稍微不浮腫，但那時是最炎熱的夏天，孕婦又因為體溫比較高，特別容易感到燥熱，不喝水根本是不可能的事。

腳部水腫後來怎麼解決呢？我的改善之道是「喝紅豆水」。老公幾乎每天都會幫我煮很多紅豆水，讓我工作時也能帶出門喝。

但效果不會太長久，可能只有半天見效而已，只要到了下午，一下工不喝了，腳部水腫又變得嚴重。

這問題真的沒辦法根治，生產完後，我腳部的水腫問題才獲得解決，我也穿回38號的鞋子，這顯然是跟每個人的體質有關。

 瑞莎的育兒手札

消水腫紅豆水怎麼煮？

- 購買無農藥的有機紅豆，用水洗乾淨。
- 加入4～5倍的水量，浸泡約30分鐘。
- 水不倒掉，在瓦斯爐上開蓋子煮到滾。
- 水滾後關火，蓋上鍋蓋燜15～30分鐘。
- 取上面未完全混濁的清澈紅豆水來飲用。
- 下面較混濁有破皮的紅豆湯及紅豆，就留給家人喝。

懷孕禁忌，這些事情不能做？

台灣傳統習俗中，對於準媽媽在懷孕期間有不少禁忌。難免會讓人感到疑惑，到底哪些事OK？哪些事千萬做不得？

實在有太多「聽說」、「長輩說」了，對我而言，不管做什麼，用「邏輯」判斷最重要。

例如，老一輩的人會說「懷孕時不能搬家」，但我一知道懷孕後，就立刻找新家，而且一直到快生產才搬入新家，等於整個孕期都在煩惱房事。

當然，房子需要油漆、做工程的時候，我會盡量避免在場，避免吸到有毒物質和塵屑。

這裡跟大家分享我懷孕時期，如何面對那些傳統上的禁忌。

肚子愈來愈大，新家卻還是空空的，很令人著急啊！

民俗上的孕期禁忌

禁忌	原因	瑞莎這樣做
不可搬重物	以現代醫學角度來看,是擔心孕婦搬重物時,可能造成腹部用力、子宮收縮,若不小心碰撞到,還會導致出血或胎盤剝離。	• 只提較輕的物品 • 重物請老公代勞
懷孕不可以搬家	傳統上是擔心搬動家具或搬家會觸動胎神,導致流產。現實考量則是搬家過程中可能不小心發生碰撞或跌倒等狀況。	• 為了給新生兒更好的居住環境,搬到空氣清新的山區房子 • 裝潢、搬大型家具都由家人或裝修師傅代勞 • 使用低甲醛無毒的材料,裝潢好後保持通風,讓化學物質揮發掉再住進去
孕婦不能拿剪刀	這個習俗是擔心小孩出生後,會少了手指或有缺陷。但現代醫學發達,在產檢時就可以知道胎兒發展狀態,無需過度擔心。	• 有必要時會拿剪刀,也在孕期參加過剪綵活動
不可把手舉至高過手臂	懷孕時會因為體型和體重的改變,使得孕婦做某些動作,如舉高手臂、踮起腳尖等,變得較為吃力,可能會因重心不穩而跌倒,甚至是流產。	• 在安全的環境、小心的動作下,可以把手舉高,甚至曬衣服都很OK

孕婦能搭飛機嗎？

因為意外提早懷孕，讓我對於戶籍一事特別緊張，很擔心小孩出生後，戶口名簿上只有爸爸、沒有媽媽。那時候我經常大哭，覺得自己是個不稱職的媽媽，沒有辦法好好保護孩子。

懷孕時為了加速放棄烏克蘭國籍、以取得台灣身分證，我飛行次數特別多。

因為台灣沒有烏克蘭代表處，必須飛去日本、俄羅斯等地驗證文件，我一直都是自己去辦理，直到孕期將近7個月才停止飛行，然後麻煩老公、爸媽幫我到處飛，以取得驗證資料。

各航空公司對孕婦搭乘飛機的限制或規定不太相同，通常是懷孕28週以上、愈接近預產期的孕婦，愈不被允許。

根據航空公司規範的不同，通常應於起飛前7到10天，請婦產科醫師為孕婦進行相關檢查，並開立中英文版本的適航證明，詳載孕婦妊娠週數、胎兒健康狀態等診斷證明。

原來胎動是這樣！

~~~~~~

Nika一直是個很貼心的小孩，從在我肚子裡開始就是這樣。她不會讓我產生孕吐，也不會拳打腳踢讓我睡不好，我在懷孕時甚至還可以接下跳舞的工作，坐飛機也很OK，不曾在高空飛行時，發生子宮收縮或肚子痛的情況。

但我一直很好奇，到底所謂的「胎動」是怎麼一回事？小孩真的會在肚子裡動來動去嗎？

直到懷孕17週，終於感受到第一次的胎動了！

那時我和老公在台北國父紀念館的草地上野餐，我正舒舒服服地躺在老公腿上，享受春天不冷不熱的日光，抬頭一看，樹上竟然有一隻很大的松鼠正在看著我，好像要跳到我身上一樣。我嚇得立刻彈坐起來，在緊張的情緒中，肚子感覺到寶寶用力地碰了一下。

「寶寶應該和你一樣，被嚇一跳哦！」老公說。

首次感受到胎動，我真的很開心，很謝謝那隻大松鼠。

後來肚子收緊的頻率愈來愈多，醫生說是正常的現象，不需要擔心，胎兒若不動反而才要煩惱。

後期胎兒動來動去的次數非常多，但不會讓我痛到受不了，寶寶都是非常溫柔、很貼心地跟我打招呼，真的是個很照顧媽媽的好孩子。

　　聽說有些孕婦胎動時，肚皮會從好幾個方向鼓起來，甚至能分辨出哪裡是手腳，哪裡是屁股的形狀，非常有意思。

孕婦瑜伽，幫助媽媽定神安胎

我很推薦準媽媽們做瑜伽，孕婦瑜伽的好處很多，可以鍛鍊骨盆底部的肌肉，讓它更有力量。

如果是自然產的媽媽，在生產時這裡就是最主要會使用到的肌肉部位，可以幫助媽媽們更順產。

孕婦瑜伽還能促進血液循環、預防或是減緩後下背部受到胎兒壓迫所產生的疼痛問題等。

但是如果要做孕婦瑜伽，最好先跟婦產科醫生請教，每個人的身體狀況不同，有的媽媽容易出血，或是本身有疾病，就要更加慎重。

一般來說，比較建議懷孕中期（4個月之後）再開始做，而且要在專門教孕婦瑜伽、有認證的專業老師指導下才安全。

我從孕期4個月開始做瑜伽，雖然過往沒有上瑜伽課的習慣，但因為是韻律體操選手出身，瑜伽的基本動作和拉伸、延展，對我來說相當得心應手。

做瑜伽的同時，還可以練習深呼吸和冥想，我覺得能緩解孕婦有時會想東想西的焦慮情緒。

 **瑞莎的育兒手札**

孕婦瑜伽：在家就能做的簡單步驟

　　孕婦瑜伽動作緩和而溫柔，以伸展及訓練骨盆肌肉為主。過程中如果覺得吃力或施力過度，就趕快停止。

預備動作

1. 冥想：盤腿坐正，閉眼，脊椎向上伸長，感覺就像有人從頭上拉一條線。雙手放肚子或腿上。
2. 暖身＋深呼吸練習：用鼻子深深吸氣，鼻子吐氣長而舒緩。將眼睛打開，雙手合十。

貓式

1. 雙膝跪地與肩同寬，雙手撐地與肩同寬，頭部自然抬起。
2. 吸氣時，慢慢捲曲脊椎，感覺把肚子捲進去。
3. 吐氣時，慢慢將背部往下降，頭部朝下，進行4個深呼吸。

大腿伸展式

1. 右腳伸直，左腳盤腿收起。
2. 慢慢深吸氣，兩手朝上合起。
3. 吐氣時雙手往前置於右腳上（想像要摸到腳趾），脊椎打直，不可駝背。
4. 進行4次後換邊進行。
　　*若臀部直接坐在地板上感到不舒服，可改坐在瑜伽磚上。

除了做瑜伽之外，懷孕時我非常認真，每晚至少花3到4小時看書及上網，研究這週肚子裡的孩子正在發展哪個器官、本週要留意吃什麼……。

　　家裡也會隨時播放古典音樂，讓自己心情保持愉快，順便做胎教，希望能幫助胎兒健康成長和養成穩定的個性。

我會做一些簡單的伸展動作，緩和焦慮的情緒。

Part 2

生產與新生兒

我漸漸愛上她了。

我不是一開始就能夠理解自己有女兒這件事，

直到護士陸續幾次把寶寶從育嬰室送來房間給我餵奶，

紮紮實實地抱著她，才慢慢有了情感上的連結。

Nika出生是聖母瑪利亞的恩典

我的預產期原本是10月10日，若能在國慶日出生當然很好，但心裡也會有一點點遺憾，覺得怎麼不是9月21日呢？沒想到後來竟然願望成真，我的女兒Nika迫不及待地提前在9月21日出生了。

Nika的生日，絕對是神的祝福！

為什麼我這麼喜歡9月21日呢？

因為在我信仰的希臘東正教中，9月21日是聖母瑪利亞誕辰日，這是個非常盛大的節日，大家會慶祝這位天上母親的生日，因為祂的到來，讓全人類看到了希望與救恩。

東正教徒也相信孩子出生的時候，都會被一位與他有關的天使保護著，而9月21日出生的孩子，理所當然就是由聖母瑪利亞來保護。

我家裡有聖母瑪利亞的圖像，我也隨身會帶著瑪利亞的圖像向祂禱告，沒想到祂應許了願望，給了我這份大禮物。

2016年9月10日，我和家人搬到位於山區的住宅，當時離預產期還有整整一個月，原本以為可以輕鬆地布置和整理新家。

9月19日的晚上，我和老公悠哉地走在社區的山路上，想要熟悉環境，那

時我們不曉得任何返家的捷徑，而且最後還迷路了。

　　我印象十分深刻，那一晚挺著大肚子，在山上走了好多路和高高低低的樓梯，有點累但感覺充實，我以為多走路可以幫助生產。

　　整個孕期我一直保持走路和做孕婦瑜伽的習慣，但懷孕時的運動，主要是增進體力，這與生產時會花多少時間，其實沒有直接關係，真的！（小孩來到世上的時間點，應該是瑪利亞或上帝決定的吧。）就像我以為自己會生很快，沒想到居然花了將近一整天。

　　我母親說生小孩很輕鬆，她才4個小時就把我生出來了。

　　我心想自己應該也是這樣，一直覺得應該像下蛋那樣，很快地把小孩生出來。回想起來真是太臭屁了。

♡ 與「痛」搏鬥──漫長的生產過程

　　在山上走完許多路，回到新家後，睡沒幾個小時，9月20日凌晨4點多，我整個人被痛醒，實在太痛了，感覺骨頭都快斷了。

　　我知道要生了！

我趕緊收拾了一下，早上5點趕去醫院掛急診，醫院幫我做了檢查，不久後就轉到待產室，這時醫生預告：「你今天就會生。」

「什麼？今天？我不要！」

當下我心裡一直想著為什麼是20日、不是21日，我喜歡21日啊，那是聖母瑪利亞的生日。而且在前往醫院的計程車上，雖然痛到不行，我還是抽空滑手機查了一下星座，20和21日出生都是處女座，但我更偏愛21這數字。

醫師說，現在才早上5點，我的宮縮強度指數就已經來到130之高，代表小孩在體內的壓力很大，隨時都可以出來了。

雖然小孩準備好了，我的身體卻還沒ready。孕婦要五指全開、約10公分寬度才能生。

醫院建議我打催生點滴，怕小孩待太久不出來會危險，但我希望能夠自然生產，不希望有太多藥物和外力介入。在確定無急迫性危險後，我繼續和「痛」奮鬥著。

隨著時間一點一滴過去，我的宮縮頻率愈來愈密集，宮縮強度也一直上升，指數來到200多，宮縮的時候，我痛到彷彿有人用力地扭轉我的骨頭，並用大菜刀在剁我的背和腿，真的痛死了。

實在痛得受不了，我後來決定聽醫院的建議，施打俗稱的無痛分娩針（也稱作減痛分娩，正名為硬脊膜外腔麻醉），希望能減少疼痛。

我的身體居然對麻藥無感，不但沒有減輕疼痛，甚至出現妊娠高血壓，我的收縮壓飆到140，舒張壓則是90，再下一次的收縮壓又飆到240，血壓一直在高點徘徊，就是降不下來。

主治醫師很擔心，與6、7個醫師在我身邊開會，既然我對無痛分娩的麻藥沒有感覺，那也不適合改成剖腹生產，因為麻醉可能會失效。

♡ 居然等到9月21日了

我從9月20日凌晨4點開始陣痛，一路到晚上10點才破水。因為實在痛得太久了，後來的情況已經有些印象模糊，當時為了控制血壓，我只記得在手、背上似乎都插管，還有好多醫生圍繞在我身旁。

我又累又想睡，感覺自己神智不太清楚，常常在「飛走」的狀態，還好老公一直陪在身邊，協助我翻身，並提醒我要一直醒著，千萬不可以暈倒、失去意識。

不知道過了多久，也分不清是白天還是晚上，在半昏半醒之間，我突然感覺到護士小姐正拍打著我的臉頰，說：「21日了！」

聽到這句話之後，躺在病床上的我，眼睛像放煙火一樣，頓時精神都來了。原本預期20日生產的我，居然可以等到9月21日，太令人振奮了。

但醫生擔心生產時間太久，小孩會腦部缺氧，再次詢問：「你要催生嗎？」

這一次,我再也不猶豫了,立刻說好。打了催生點滴後不久,感覺不到5分鐘吧,身體總算準備好,可以生了。

從進醫院開始,我手上一直拿著聖母瑪利亞的圖像,被推進產房時,我也緊緊握在手上、一路禱告。

可能是待產過程太久,耗盡很多力氣,讓我十分疲憊,醫師便使用真空吸引的機器輔助,從產道吸出寶寶的頭部。

感謝醫院讓我們母女平安,但我認為,如果產婦是選擇自然產的話,在不危害生命的狀況下,應該要以自然的方式,靠自己的力量把小孩生下來。

我了解醫師很有經驗,但用真空吸引頭部的方式,多少有其風險。不能靠自己的力量生產,我也有些許的遺憾。

我想提醒大家,孕婦在生產前,一定要不厭其煩地和醫師溝通。每位醫師都有他習慣的臨床處理方式,但第一次生產的媽媽,往往不知道為什麼要這樣做。

所以事前做足功課之餘,更要和自己的婦產科醫生再三請教,特別是生產過程的細節及可能發生的情況都要了解透徹,如此一來,會讓你在產檯上較為安心。

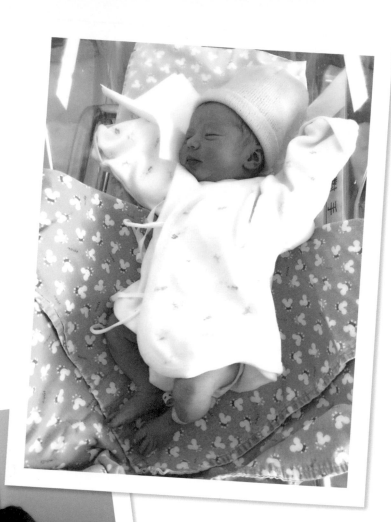

寶寶睡得好安穩，我和Mike
洋溢著滿滿的幸福。

自然ㄟ尚好！
下一胎，考慮水中生產

　　如果有機會生第二胎，我一定會堅持要自然生產，而且若確定胎兒和母體都是健康的，我甚至考慮要在水中生產。

　　台灣現在有愈來愈多提供水中生產選項的醫療機構，我覺得比在家裡進行來得安全一些。

　　我本來以為台灣沒有這類的機構，後來得知朋友在水裡順利生產，才知道其實台灣有不少孕婦採用「溫柔生產」的方式，而水中生產就是其中一種，在安全的範圍內，掌握身體的自主權。

　　畢竟生產不是生病啊！相較於在冰冷的產房內生產，我更嚮往以水作為媒介，讓胎兒來到世界上。

　　我也相信，胎兒感受得到媽媽的情緒，如果媽媽在生產過程中感到壓力很大，胎兒也一定會有同感。而水中生產有浮力的幫助，能調整生產動作，舒適溫暖的水溫，也可以降低疼痛感，對產婦和新生兒來說，應該是不錯的。

　　我有很多烏克蘭的女性朋友，在生產時都選擇水中生產的方式。烏克蘭不少提倡水中生產的醫療機構會和飯店合作（有點類似台灣

月子中心的概念），有的孕婦會提前到飯店住宿，為生產做好放鬆的準備，醫護人員也會定期到房間檢查。

等到孕婦一有產兆，就走路到旁邊的醫院待產及進行水中生產。這種方式我覺得相當不錯。

台灣有幾個推廣溫柔生產、提倡生產改革的協會及醫療單位，大家可以自行上網查詢，或向醫院諮詢。

和寶貝的第一次親密接觸

經歷了21個小時的疼痛後，2016年9月21日凌晨1點46分，我的寶貝女兒Nika來到這個世界上。

生產後，護理人員讓我看了寶寶一眼，便先抱去清潔和做身體檢查。

不久之後，就把未穿衣服的寶寶抱到我胸前進行親密接觸，讓寶寶吸吮我的乳頭。

我覺得一頭霧水，和對方說：「還沒有母奶啊。」但護理人員以正向的話鼓勵我，說這種互動可以刺激乳腺，相信我一定很快就會有母奶。

當時我剛生完，還躺在產檯上，體力和精神都尚未恢復，恍惚之間，我看到一個天使從天而降，覺得她好漂亮。

當寶寶一直吸著我的乳頭時，讓人覺得：「太──奇──怪──了！」感覺非常不真實，好像一切都是假的。

「哪來的陌生小嬰兒？」、「我怎麼會有小孩？」、「我怎麼會有母奶？」、「要放在我胸前多久？」我心中充滿了無限的問號。

那時還不能立刻連結到這個漂亮的小嬰兒是自己生的，只覺得她怎麼身體熱熱的、軟軟的，還以為是天使賜予的。

到現在我還清楚記得那畫面，這個從天上來的新生兒，一直吸著我沒有奶的乳頭，而老公則在一旁拍照，一邊流下感動的眼淚，但我卻一滴眼淚都流不出來，因為一點也不感動啊。

護士說，你可以再享受一下，我也不覺得享受，只覺得怎麼那麼久，頻頻問什麼時候可以抱走。這個漂亮的新生兒，我真的認為不是我生的。

等到我從產房轉到觀察室時，護士便把寶寶抱走了。當我又從觀察室被送到病房休息時，我根本睡不著，開始擔心寶寶會不會有什麼問題、有沒有缺手缺腳？剛剛好像沒有仔細看清楚……。

這時候，我才意識到：我生了一個小孩。

♡ 我的親餵母乳經驗談

護士說，大約2小時之後，會把寶寶抱到病房給我餵奶。

儘管再疲憊，我也睡不著了。我決定去洗澡！

自然產的我，產後恢復得很好，一回到病房我立刻可以站起來走路，完全沒有頭暈或疼痛的問題。

在老公的陪伴下，我趕快去洗澡、洗頭，甚至還化了一個很完整的妝，連睫毛膏都塗得非常仔細。那時，是凌晨4點鐘。

我知道新生兒視力不好，一開始看什麼都是模糊不清，但我還是想讓女兒看到媽媽很漂亮的樣子。

在餵奶時，我想搞不好這麼近的距離，寶寶會看到我的臉，還把頭髮撥到一側放下來，顯得更加迷人。

凌晨4點，離一開始陣痛的時間整整24小時。護士把Nika帶到病房來，她已經被洗好身體、換上乾淨的衣服和毛帽，我忍不住讚嘆：「哇！好美哦！」

接著我便了解到，在產房的陌生嬰兒和眼前是同一個人，她是我的女兒！

一開始，看著眼前這個又軟又小的嬰兒，我好擔心會傷害到她，不敢從護士手上接過來。陪同前來的母親看到我的眼神後，給了我一個肯定的鼓勵，我才敢接過自己的小孩。

我漸漸愛上她了。

我不是一開始就能夠理解自己有女兒這件事，直到護士陸續幾次把寶寶從育嬰室送來房間給我餵奶，紮紮實實地抱著她，才慢慢有了情感上的連結。

剛開始的餵奶經驗也不太好，感覺非常痛，寶寶每吸吮一口，我都痛到像被火燙傷一樣。有時寶寶會吸到睡著，但嘴巴還是反射性地一直吸吮乳頭，我就一邊抱著、一邊忍痛咬著被子，不敢叫出聲音，擔心吵醒小孩。

我的皮膚特別薄，一壓到就會很敏感，甚至出現瘀青，乳頭的皮膚又更嬌嫩，也就更不舒服。餵奶後，我會馬上用保護罩隔離奶頭，脆弱到完全不能碰。

Nika出生時重達3085克，
是個健康的寶寶。

沒想到剛生產完時的親餵母乳，會讓人痛到咬被子。幸好這種極端的痛苦，大概維持10天左右，熬過去就沒事了。之後總算不覺得痛了，而且我還喜歡上餵奶的過程。

我很感謝護理人員，她們一直鼓勵我「要相信自己有奶」，並且幫我按摩乳房，協助乳腺刺激，我的初乳很快就來了。

離開醫院後，甚至還奶量過剩，總是滴滴答答流個不停，在衣服上留下痕跡，也成了另一種生活上的困擾。

產後不到2小時，我就洗澡、洗頭，甚至還化妝，凌晨4點漂亮地和剛出生的女兒見面。

老外不坐月子？

～～～～～～～～～～～～～～～～～～～～

醫生知道我產後立刻就洗澡、洗頭，笑著說：「很OK！」他說媽媽開心、有安全感最重要，媽媽緊張或心情差的話，做什麼都會影響到小孩。

華人普遍有「產後一個月不能洗澡、洗頭」的觀念，我覺得每個人的體質不同，所以坐月子的方式當然也因人而異。

我知道生產後身體會比較虛弱，加上以前的衛生條件普遍不好，因此很多長輩會說，坐月子期間不可以碰水，不然會受風寒，造成長久的骨頭痠痛或偏頭痛。但長期不能洗頭、洗澡，身體和頭髮會油油黏黏的，除了不舒服之外，還會讓心情變差。

生小孩非常消耗體力，會大量流汗，頭皮和全身毛細孔都打開，所以如果產後還在虛弱的狀態，這時洗頭、洗澡可能會讓寒氣侵入頭皮和體內。

現代人的生活環境很好，只要做好保暖措施，這些狀況都是可以避免的。

我自然產完之後，體力恢復得很快，馬上可以下床走動，我請老公在旁協助，防止意外發生，便立刻去洗澡、洗頭，把將近一整天的汗垢和油膩感洗掉。

我有特別留意洗澡時，要打開暖風設備，還用比較熱的水溫洗澡，洗後迅速擦乾身體及穿上保暖衣物，用吹風機的暖風吹乾頭髮，避免讓自己著涼。

坐月子期間，我也每天洗澡、洗頭，保持清爽的身體，心情也會很好。

每個人對冷熱、溫度的敏感性不太一樣，對於傳統觀念的接受度也不相同，有些作法和禁忌我還是會遵守，同時也會顧及家人的感受，所以沒有絕對的好壞、可以或不可以。

只要媽媽身體感覺舒適、心情舒服的狀態，就是最適合你的坐月子方式。

看著寶寶，我提醒自己一定要小心呵護她。

坐月子的禁忌

傳統觀念	老一輩的說法	瑞莎這樣做
不可碰水	生水未經消毒殺菌，會侵入身體	• 不要一下子接觸太冰冷的水
不可刷牙	生個娃，掉顆牙	• 飯後、睡前都刷牙，不刷牙嘴巴會很臭，還會引起蛀牙和口腔疾病
不可洗澡、洗頭	會頭痛、關節痠痛、手足冰冷	• 洗完之後立刻擦乾身體、吹乾頭髮，穿上保暖衣物，注意溫度 • 用蓮蓬頭沖、淋的方式，不要泡澡
要隨時臥床	躺著才能讓子宮回到原來的位置	• 從床上起身時動作慢一點，避免頭暈 • 下床活動，可預防下肢血液循環不良
不可以抱小孩	會造成子宮下垂	• 餵奶、抱嬰兒盡量坐著，用腳來分擔重量，不要長時間抱著小孩走動

傳統觀念	老一輩的說法	瑞莎這樣做
不可以 幫新生兒洗澡	彎腰會導致長期腰痠背痛	• 產後第三週，才開始幫嬰兒洗澡 • 澡盆放高一點，就不需過度彎腰 • 換尿布的檯面不宜太低
不可以喝水	身體會水腫 只能喝米酒水	• 不喝冰水，只喝溫熱的水 • 加上湯湯水水的中藥，才能促進新陳代謝
不可以哭	會把身體哭壞	• 不管開心或難過，適時地哭出來，心情會比較好哦
不能看書	產後身體虛弱，用眼過度會傷害視力	• 照顧新生兒很累，空檔時記得多休息、睡覺 • 任何人長時間看書對視力都不好，滑手機、看電腦的時間也要減少

傳統觀念	老一輩的說法	瑞莎這樣做
產婦和新生兒都不能出門	出門會吹風著涼	• 視季節而定，在舒適又溫暖的白天出門散步，有助身心健康 • 出門要戴帽、衣服選擇透氣保暖的長袖
產婦和新生兒都要穿長袖、長褲，戴帽子、戴手套	包得密不透風，才不會受寒生病	• 衣服選擇保暖度佳且透氣的質料，並可採用洋蔥式穿法
不可以吹電扇、吹冷氣	會感冒	• 台灣的夏和秋季，不吹電扇或冷氣，反而會熱出病 • 調整出風口位置，不要直接對著身體吹
不宜運動	子宮會下垂	• 禁止激烈的跑步或跳躍等大動作 • 做些溫和的伸展運動和適度的肌力訓練，可以促進新陳代謝，有助子宮恢復，並強化會陰、骨盆底部的肌群力量

我選擇在家坐月子

烏克蘭沒有坐月子的傳統，只有簡單的產後調理，至少30天的「坐月子」是華人特有的習俗。而且據說只有台灣才盛行「產後護理之家」（俗稱月子中心）。

在烏克蘭，生完小孩在醫院休養幾天後，回家沒多久就開始正常生活，沒有什麼「休息30天」、「要躺著不能站起來」、「不能吃什麼東西」……這些傳統。

烏克蘭的法規中，最多可以申請留職停薪3年的育嬰假，從我認識的人及媽媽那一輩的經驗得知，許多新手媽媽都會把最精華的時間拿來照顧新生兒，不會放太多心力在照料自己的身心靈。

華人有坐月子的觀念，不僅能照顧到新生兒，也會注重新手媽媽在產後的調理。我覺得坐月子是一種讓家庭成員都取得平衡的作法，真的非常棒！

而且，說不定這樣可以讓新手爸媽比較健康、長壽，未來能陪小孩成長的時間也會久一點。

我自己走過坐月子的這一個月時間，更加感受到坐月子的好處，甚至還想過，以後有機會要在烏克蘭開月子中心，幫助更多家鄉的新手爸媽。

烏克蘭的新手爸媽不夠照顧自己，所有的力量都放在小孩身上，難怪有人會說，「老外」當爸媽後，看起來老得比較快，老後又容易有生病、發胖等問題，也許就是生小孩時，沒有足夠或是不正確的休養。

產後至少30天的調理時間，真的非常重要。但我沒有去月子中心，而是在家坐月子。

我覺得家裡是最能讓自己身心放鬆的環境，產後在家裡休養，想要什麼東西、想穿什麼衣服，隨時都可以取得。

加上老公、公婆和爸媽都給予很大的協助，我若去了月子中心，就不能長時間看到家人。

我還是希望家人能夠陪在我身邊，不僅可以從長輩那裡學到傳承下來的經驗，也可以和家人培養更良好的溝通，幫助之後的育兒過程更加順利。

什麼？！連老公都不能抱小孩

在醫院待3天後，我就出院回家了，全家瀰漫著新生命誕生的喜悅氣氛。但是，雙魚座的我很容易緊張、想太多，加上自然產後恢復得很快，不需要臥床休息，身體也沒有任何不舒服的地方，回到家我更加停不下來，呈現一種「控制姐」的狀態。

經常想到什麼就立刻站起來處理，常常在家裡走來走去、忙東忙西，連餵奶都邊走邊餵。我自己也知道這樣不好，曾經練習坐著放空，但還是沒辦法。

在坐月子初期，我的「控制姐」指數高得誇張。

一開始我完全不放心讓任何人照顧Nika，包括老公、公婆、爸媽，甚至連育兒經驗豐富的月嫂阿姨，都不可以碰小孩。

如果其他人抱小孩，我就會認為自己是一個做得不夠好的媽媽。我怕他們不懂怎麼抱、會把新生兒弄哭，或是傷害到寶寶。

我完全不放手，不但24小時母嬰同室，要說小孩是無時無刻「掛」在我身上也不為過。

唯一破例，只有在剛回家時，我讓爸媽把小孩抱起來拍了幾張照片，就急著趕快把小孩抱走。

　　老公呢？我居然連孩子的爸爸都不信任，一直到我坐月子的第二個禮拜，Mike問我：「我可以抱她嗎？」他才有機會第一次抱到小孩。

　　那段時間老公很可憐，他想幫忙，卻常常被我罵。我那時真的很凶，情緒狀況極度不穩定。

　　除了老公之外，其他家人也都被我罵過，例如：拿尿布動作太慢、講話太大聲吵到寶寶……，都是非常無所謂的小事。回想起來，真是太對不起老公和家人了。

餵奶後，寶寶經常在我手臂上睡著，明明手已經又痠又麻，我還是捨不得放下來，甚至會唱歌給寶寶聽，搞得在一旁睡覺的老公無奈地說：「你唱歌可不可以小聲一點？」

後來，因為我整夜都在唱歌，老公沒辦法好好睡覺，乾脆搬到其他房間。

我老公到底是怎麼撐過那一個月的啊？太厲害了！

♡ 終於連月嫂都受不了，提前bye-bye

月嫂阿姨經常唸我，因為我一直站著靜不下來，她希望我可以好好躺著休息。她說：「你連小孩都不讓別人抱，這樣我怎麼幫你照顧？」

那時，我只讓月嫂阿姨幫新生兒洗澡，我在旁邊學習。

我非常感謝家人和月嫂阿姨，謝謝他們都沒有生氣，都會找機會（趁我不生氣的時候）和我溝通：「小孩不是你一個人的，我們也很愛她。」

我才慢慢覺得：「對啊！小孩不是我一個人的，她應該擁有整個家庭的愛。」

坐月子的第二個禮拜開始，才開始讓其他家人輪流抱小孩。

看到寶寶給其他人抱的時候，好像也很舒服的樣子，我才開始慢慢放手，讓家人一起參與照顧，我也有比較多的時間可以休息。

當時，月嫂阿姨除了照顧新生兒，也會幫忙料理月子餐。但口味上我有點不習慣，覺得也太常出現「鱸魚」了。

我知道吃鱸魚有很多好處，能夠促進泌乳、也能幫助產後會陰傷口癒合等，但早、午、晚都吃鱸魚或喝鱸魚湯，唉呀，我本來就不喜歡魚的味道，只要一看到「鱸魚」，心情就高興不起來。

坐月子期間，大概是我這輩子吃最多魚的時候。

除了鱸魚，月子餐當中的地瓜葉也不合我胃口。據說地瓜葉也有發奶的功效，因此經常餐餐都有地瓜葉和魚。

算了，地瓜葉比魚好一些，為了小孩好，我便乖乖地吃。但一直吃重複的食物，加上情緒壓力原本就大，有時候還是忍不住想抱怨啊。

本來預計在家裡待一個月的月嫂阿姨，因為覺得我不太需要協助，便提前兩個禮拜請辭離開。

我很感激她在離開前，教我老公和媽媽怎麼料理月子餐，也教我們如何幫新生兒洗澡、怎麼包尿布……。

從產後第3週開始，便換成家人接手來幫我坐月子，我也是從那時開始，學會幫寶寶洗澡。

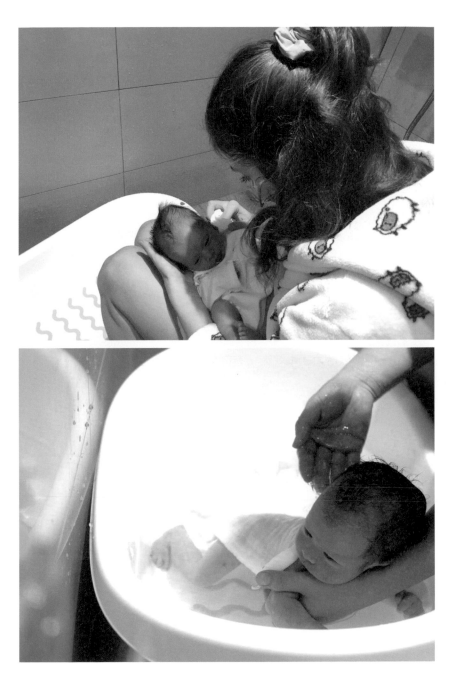

剛成為新手媽咪的瑞莎，正小心翼翼地幫寶寶洗澡。

瑞莎的育兒手札

幫寶寶洗澡的注意事項

- 洗澡時機：餵完奶後至少隔半小時，以免吐奶。
- 洗澡時間5分鐘左右，不要太久。
- 視線完全不能離開寶寶，以免發生溺水等意外。

預備動作

- 嬰兒浴盆、水瓢。
- 紗布巾、小毛巾或大浴巾。
- 嬰兒包被、換洗衣服、尿片。
- 嬰兒專用沐浴露（可省略，用清水即可）。

洗澡水溫

32～34℃左右最好，用手摸起來溫溫的就可以了。水不用放太多，約盆子的5到7分滿，或10公分高度即可。

洗澡步驟

1. 用左臂夾住寶寶身體（橄欖球抱姿）貼著大人身體，托穩頭部，寶寶的視線可看到大人。

2. 用左手食指和拇指輕輕將寶寶耳朵向內蓋住，防止水流入耳朵。

3. 用右手將紗布巾或小毛巾沾溼，依序洗臉、洗頭及頸部。
   - **眼睛**：由內眼角向外眼角輕擦眼屎。
   - **鼻子**：清潔兩側鼻孔。

- **額頭**：由眉心向兩側輕輕拭擦前額。
- **耳朵**：輕輕擦拭耳廓及耳背。
- **洗臉**：臉頰沾溼。
- **洗頭**：將嬰兒專用沐浴露倒在手上，輕輕揉洗頭部，不要用指甲碰頭皮。
- **頸部**：頸部皺褶肌膚容易卡奶垢，用手指撥開，沾溼紗布巾加強清洗。

4. 洗身體：於平面的桌檯上，脫下寶寶衣服。用左手臂輕托寶寶背部、頭部和頸部，輕輕放進水盆裡。用另一隻手幫寶寶清洗：
- 先用溫水輕拍寶寶胸前，適應水溫後再放入盆內。
- 頭部枕著大人手臂，抓穩寶寶腋下，由前胸洗到上肢、腹部到下肢。
- 翻身轉為趴在大人手上，抓穩寶寶腋下，洗背部、臀部到下肢。
- 大腿、私處的皺摺處非常容易卡垢，一定要「翻開來」清洗喔。

5. 洗完澡，趕快用大毛巾抹乾全身。脖子、大腿、私處的肌膚皺摺處要翻開擦乾。

6. 如果寶寶精神還愉悅，可以進行嬰兒按摩。

7. 穿上尿布、衣服，注意保暖。

謝絕訪客！大家別來看我的小孩

Nika遺傳到我的高挺鼻子、長腿，以及爸爸的漂亮眼睛，一出生就是個漂亮的娃娃，家族的親戚和朋友們也都很好奇，想看混血兒寶寶長什麼模樣。

BUT！我一點也不歡迎大家來看小孩。不是我不好客，而是因為親友突然出現，會打亂新手媽咪的時間，更會造成寶寶作息大亂，我會更崩潰啊。

大家知道新手媽媽有多忙嗎？

我幾乎隨時都在餵奶、擠奶、脹奶、追奶，胸部經常發脹疼痛，不小心溢奶溼成一片也是常有的事，而且根本沒時間好好打理自己，素顏加上嚴重黑眼圈，這種時候親友來訪真的會讓人很焦慮。

而且剛出生的小Baby，每天最重要的事就是睡覺、喝奶，其實清醒的時間非常短。

訪客來家裡的時候，難道要把睡覺中的嬰兒從床上抱起來給大家看嗎？還是開放大家參觀我親餵母奶呢？想和小孩玩，等大一點都來得及呀！

當時我的控制欲很強，照顧新生兒的所有規矩都是我訂的，不容許家中任何人打破，也不容許有一點點不完美。

我並沒有產後憂鬱症，但有明顯的急躁症狀，我就像個張牙虎爪的虎媽，

可愛的小小Nika正在想什麼呢？

用全部的生命在保護小孩，母愛泛濫到不可思議的地步。

因為24小時和寶寶在一起，加上睡眠不足，產後10天我就已經瘦回原本的體重了。

 ## 瑞莎的育兒手札

新生兒怎麼穿？

3個月前的新生兒，不建議穿任何從頭部套進去的衣服，最好是穿左右固定式、天然透氣的紗布衣或包屁衣。

下面還要有釦子可以固定，因為有時候尿布會突然太滿，屎屎容易爆出來，衣服的扣子可以減緩「流洩」的速度。

新生兒也常有紅屁股、尿布疹。Nika沒有發生過這種情況，因為我和家人非常注意，最多每3個小時就會換一次尿布。

即使尿布完全沒有尿液痕跡，但裡頭已經有溼氣了，所以一定要換尿布，讓小屁屁的肌膚能夠透氣。

如果講求環保的新手爸媽，可以考慮使用布尿布喔。

狗狗是Nika成長過程中的好夥伴

我們一共有3隻狗，分別是獒犬、蝴蝶犬及俄羅斯玩具犬，狗永遠是人類最好的朋友！

這隻重65公斤、快9歲、站起來比Nika還大個兒的獒犬，可是看著Nika出生長大的好朋友，但，Nika才是老大！

牠在我懷孕期間，坐飛機「移民」到台灣來。

當時特製了類似馬戲團裝獅子的籠子，才容納得下體積這麼大的獒犬，並且花了一番功夫才找到航空公司願意承載，加上複雜的檢疫程序，過程一波三折。

但比起我申請台灣身分證的過程，還是容易多了唷！

訓練新生兒睡過夜

坐月子時，有一天媽媽跟我說：「我從烏克蘭那麼遠的地方飛來台灣幫忙，但你24小時和小孩綁在一起，我們連小孩都不能抱，好像是陌生人。」

我突然像是被人從頭上打了一下。對啊！媽媽了解我的個性，也很清楚我產後的狀況，她知道我其實累過頭了，只是一時放不下堅持。

從Nika出生以來，爸媽一直給我很多協助，真心感謝我親愛的家人。

後來，媽媽提出「晚上12點到早上9點，小孩和她一起睡」的要求，她要我晚上好好休息，白天才有足夠的體力帶小孩。

「如果不讓我晚上陪寶寶睡，我就要回烏克蘭了。」媽媽說了重話，我也只好讓步。

我從原本24小時小孩不離身的「奶媽」，開始有了9小時的睡眠時間。而且老公也可以搬回原本的房間睡了，哈。

寶寶在晚上喝完奶後，便抱到我爸媽房間的嬰兒床去睡覺。我則從全親餵，轉為晚上請媽媽幫我瓶餵。

白天先把母乳擠出來，冰在冰箱裡，半夜小孩想喝的時候，媽媽再加溫。

真的非常謝謝媽媽，不然我可能因為睡眠嚴重不足，到最後真的引發產後憂鬱症也說不定。

坐月子期間，媽媽半夜幫我照顧新生兒，後來再幫忙訓練寶寶「不夜奶」，Nika從6個月大左右，就可以睡過夜，而且一覺到天亮。

我好幸福，一直都是睡飽飽的狀態。

奶太多、奶變少，都是種困擾

剛生產完，看著新生兒在我胸部吸吮，卻什麼也吸不到時，原以為自己會沒有奶，沒想到產後沒幾天，奶量就直線飆高，甚至多到不用擠壓，就會一直流出來，必須在內衣裡放防漏墊，相當困擾。

月嫂阿姨曾幫我煮中藥，讓奶量變少，母乳後來真的少了很多，達到供需平衡。

我餵母奶到寶寶11個月大，原本計畫餵到1歲，但後來真的沒有奶了。

我猜想，有可能是因為寶寶4個月大時，我開始外出工作，於是吃了一帖更厲害的退奶中藥，導致母奶瞬間大減量，變成沒有多餘的母奶可以擠出來，家中也就沒有庫存了。

餵母乳這件事真的很神奇，當跳過一、兩次不親餵或不擠奶時，身體就記住了，知道哪個時間點不需要分泌乳汁。

所以只要工作一結束、快到餵奶時間，我一定急著回家，如果跳過一次不親餵，隔一天親餵時，奶量就會變少。

隨著工作愈來愈多，後來我還出國工作，長時間沒辦法親餵，母奶量就愈來愈少。

每一次和寶寶的接觸都彌足珍貴。

因為擠不出多餘的母奶，Nika在7、8個月大時，在沒辦法親餵的時間，就讓她喝配方奶。

一直到她11個月大，完全斷了母奶，我正式脫離「奶人」生活。

♡ 母乳哺餵11個月

Nika自然離乳時，我內心一直有個小小的遺憾，因為離原本設定「餵母奶一年」的目標，只差1個月。

那時喝了一些發奶的飲品，想再把奶量追上來，卻沒有什麼顯著的效果。

媽媽安慰我：「你已經很棒了，不用擔心。」、「現在的配方奶非常接近母奶，不用擔心營養不足的問題。」

母奶最有營養，能夠增加寶寶抵抗力，會奠定一輩子的健康基礎。但到底幾歲要斷奶呢？

坊間說法很多，有一派醫師說餵到3歲最好，但我比較認同另一派醫師的看法：「寶寶6個月到1歲之間，自然離乳都是很OK的。」

我覺得寶寶出生時，媽媽有能力的話就盡量餵母奶，能餵多少就餵多少，尤其前6個月是關鍵期。

而過了6個月寶寶開始吃副食品，可以從食物中獲得來自大自然的均衡營

養，母奶的重要性就逐漸降低。

過了1歲之後，寶寶應該都能好好吃一些食物，也已經懂事了，親餵變得比較像是親子關係的互動，「餵飽」的功能性相對變小，如果親餵次數太頻繁，有可能小孩會變得太過依賴。

我曾經在公園看過，有些小孩都已經牙齒長齊、會跑會跳了，卻在玩到一半時，突然撲向媽媽，甚至動手拉開媽媽的衣服要喝母奶，我覺得這已經不是「小孩需要喝奶」的需求，而是教養層面的問題了。

我還聽過在烏克蘭家鄉，有些媽媽會餵母奶到小孩6、7歲大，這就有點太誇張了。

媽媽不是母乳「工廠」，媽媽也是個人啊！

小寶寶就不能出門嗎？

為了給孩子更貼近大自然的居住環境，得知懷孕之後，我和老公趕緊尋覓新房子，最後在生產前10天左右，舉家落腳在位於半山腰的住宅社區。

新家周圍環繞著綠意，空氣清新；沒有都市裡的車聲吵鬧，環境寧靜。我非常喜歡這裡，產前每天都在社區的山上小徑散步。

♡ 產後Day 3，讓寶寶曬太陽

Nika在9月出生，產後第3天回到家後，我記得那時是非常舒服、不冷不熱的秋天，我便讓她睡在可以平躺下來的嬰兒推車裡，然後把推車擺在家裡一樓的小庭院，我和她一起曬太陽，呼吸新鮮空氣。

我還特別留意要做好保暖措施，幫Nika蓋了一條小毯子。太陽也不是直接曬在臉上，嬰兒車的頂篷是放下來的，我自己也做好了防曬。

當我把照片放在個人粉絲頁上，沒想到引來網友的高度關切。有人說：「坐月子要待在室內。」、「怎麼可以讓寶寶吹到風？」

我覺得好冤枉啊！曾是醫生的父親教我很多育兒的好方法，其中非常棒的一點就是：小孩要常常曬太陽。

做好充足的準備才推嬰兒車到自家院子，卻被網友罵翻天，冤枉啊！

陽光很好，可以幫助人體合成維他命D，也促進新陳代謝，有助骨骼發展。

嬰兒的免疫系統還沒有完全發育好，抵抗力比較弱，所以許多父母都不敢帶很小的嬰兒出門。很多人說最好讓新生兒滿3個月（或100天）後再出門，有的長輩則是說6個月後。

我的醫生父親教的觀念反而是，如果真的過3個月之後才外出，小孩完全無法習慣外面的細菌，反而容易生病。

烏克蘭的冬天氣溫經常零下20幾度，我自己是在最冷的2月寒冬時出生，媽媽說我還不會翻身的嬰兒時期，就經常把嬰兒車放在家裡的陽台，讓我在那裡睡覺，所以我變得不容易生病。

爸爸也說，經常帶小寶寶出門呼吸新鮮空氣，對身體健康有好處，有利於生長發育。

前提是空氣品質要OK。如果是都會區，大馬路上很多車子排放廢氣，就比較不適合，但若是在遠離大馬路的公園、綠地，或者像我們住在山上，空氣汙染不嚴重的地方，就是很適合的環境。

當然，帶小寶寶出門，要穿合適的衣物。

最好是洋蔥式穿法，裡面穿透氣性佳的純棉衣服，天冷時一定要穿外套，再遮住頭、腳和手，或包一條毯子。防曬、遮陽的措施也要做足，就可以安心出門。

♡ 產後Day 4，咱們散步去

生產前一晚，我在新家的社區走了好多山路，不久後我就去醫院生小孩了。

雖然多走路不見得會比較好生，但對健康的人來說，多走路的確有助提高肺活量、促進新陳代謝。

產後第4天，我又和老公出門散步了。這次不一樣的是，我們多了一位寶寶成員。

我們選在陽光最溫柔的早上時間出門，並且幫寶寶做好保暖措施，放在嬰兒推車上，就開始在社區高高低低的山坡路上散步。

那時候才生完第4天、剛從醫院回家沒多久，我知道不能過度激烈運動，但緩步走路是沒問題的。

尤其我是自然產，會陰傷口復元很快，子宮也回復得很好。如果是剖腹產，或是產後身體恢復較慢的人，一定還是要問過醫生。

拒當小腹婆，產後這樣做

產後第4天，我就推著新生兒去社區爬高高低低的山路了，每天走好多路，我的活動量很大，大概過了10天，就瘦回產前的體重。

但可別羨慕，產後我的肚皮還鬆鬆垮垮的，好像沙皮狗那樣，有一層一層的皺褶，畢竟肚子被撐大了10個月，很難一下子就回復原狀。

所以產後兩個禮拜，我便進行緊縮腹部的運動。

建議媽媽們不要急著產後就做太激烈的運動，最好由簡單的腹部動作開始練習，主要目的是先喚醒肌肉，再慢慢地讓鬆弛的骨盆底部、肛門、陰道、腹部、臀部的肌肉，一天一天緊實回來。

動作不會太複雜，但一定要持之以恆每天做，不能做一天、休息好幾天，這樣沒有效果哦！

懷孕37週（左）和生完3週（右）的對照。

產後緊實腹部運動

 動作 1 平躺於床上或地上,雙腳放鬆、微微左右打開。

 動作 2 雙手置於腹部丹田處,有意識地用鼻子緩慢吸氣,感覺肚子像氣球一樣漲到最大,吸氣速度愈慢愈好,吸到極限,腹部凸出,停住數秒。

動作 3 慢慢吐氣,把肚子的氣盡可能吐掉,讓腹部凹進去。

動作 4 吸、吐來回做數次。

註:產後運動需根據各自的身體恢復狀況來決定,請與醫師討論確認後再進行。我自然產後,會陰及子宮狀況良好,所以很快就可以進行。

不少人產後會用束腹帶綁住肚子,加強修飾下垂的腹部線條,但我試過幾次,覺得肚子被綁得硬硬的很不舒服,而且在餵母乳時沒辦法自在地變化姿勢。

束腹帶對我來說,反而是不快樂的壓力來源之一,所以我選擇採用自然的方式。

懷孕的時候,我和所有媽媽一樣,都會害怕產後瘦不下來,沒想到坐月子一天吃5餐、食量這麼大,居然還可以瘦下來,不僅很快就回到原來的體重,甚至慢慢比懷孕前還要瘦。

Part 3

建立寶寶生活常規，媽媽輕鬆好育兒

多數新生兒的睡眠時間都很混亂，搞得大人沒辦法好好睡覺，

幫助寶寶建立一定的規律，需要毅力和耐心，

一旦養成好習慣，就能大大緩解媽媽的育兒壓力。

我看時鐘養小孩

產後第3天，我從醫院回家坐月子，就決定幫孩子建立規律作息。

我知道有些媽媽會採用天然的方式，完全交給寶寶來決定。

也曾有醫師告訴我，小孩要喝就給她喝，但寶寶的哭聲到底是代表肚子餓，還是想睡覺？或者是不舒服？新手媽媽完全無法判斷。

有時候塞奶過去，吸個兩口寶寶就睡著了，更會養成「奶睡」的壞習慣，不但24小時「掛奶」，時間完全被孩子綁住，沒辦法做自己的事，還有可能得到產後憂鬱。

所以我想了一個辦法，就是「看時鐘養小孩」。

一開始，我會觀察寶寶喝母奶的狀況，並且看著牆上的時鐘計時。我會計算寶寶要喝多久。通常是先餵單邊的奶，一旦寶寶喝的速度慢了，就先記下來她喝了多久。

接著，再換到另一邊的胸部哺餵，等到寶寶喝到睡著了，或是把嘴巴移開，就表示她喝夠了。這時候再看一下時鐘，把時間寫下來。

我算過，一開始喝奶的時間是50分鐘，新生兒體力比較差，常常喝到睡著。但我對Nika比較嚴格，希望她認真吸，而不是喝到睡著。

經過觀察後，差不多時間到了，或寶寶不想吸、快睡著的時候，我就會捏住她的鼻子，她的嘴巴就會自然放離，不會一邊睡，一邊無意識地動嘴巴吸奶。

每個階段的月齡不同，計算出來的時間也不太一樣，但大致上是有邏輯可以依循的。

後來我餵奶一次大約是40分鐘，而且月齡愈大，喝奶的時間愈短，會縮短到30分鐘甚至更短。

觀察寶寶的睡眠週期

嬰兒的睡眠狀況也一樣，可以用量化的方式來記錄。

我計算過，Nika每次睡著後，根據她的生理時鐘，一定會在40分後再醒過來。而且每一次就是40分鐘這麼精準，絕不會是42分鐘之類的。

我用看時鐘、計時的經驗法則，觀察出小孩的睡眠週期是40分鐘。我就會在Nika睡著後，趕快去吃飯、洗澡……，做自己的事。

然後，在40分鐘快到的時候，再回到她的小床旁邊。Nika睡了40分鐘之後，會翻身或發出小小的哭鬧聲，我就會把手從嬰兒床的欄杆縫隙中伸進去，讓她可以摸到我的手。

Nika沒有抱安撫物的習慣，所以往往摸一摸我的手，就會感到很安心，在半夢半醒之間，小聲地嗚咽一下，而且通常不會超過5分鐘，她又可以再自己睡著。

這時候，我又有40分鐘可以做自己的事了，yay！

月齡小的時候，通常早上、下午都需要小睡。年紀大了就只剩午睡，2歲多的Nika睡午覺的長度是1小時20分鐘，就是兩段40分鐘的睡眠週期。我只需要在第40分鐘時，遞上我的手安撫一下就可以了。

如果在外面玩，作息難免會比較混亂，經常遇到小孩玩到捨不得睡，上車後才補眠的情況。

這時我就會計算Nika在車上是幾點睡著，如果到家了，或是抵達目的地需要下車時，剛好是她睡著的第40分鐘，那麼，絕對不可以把小孩從汽車座椅上抱起來，否則會因為沒有睡飽而哭鬧。

因為睡著後的第40到45分鐘之間，是睡眠週期的銜接時間，特別淺眠。一定要等到第45分鐘之後，小孩再度進入深沉的睡眠週期後才抱起來，然後放到床上繼續完成第二段小睡。

很多媽媽會抱怨：「小孩睡到一半醒來就哭，根本沒辦法做自己的事。」

你不妨跟我一樣，一邊看時鐘，一邊觀察小孩的睡眠狀況，看看他什麼時候是熟睡、什麼時候是淺眠期。

後來我讀到一個研究，說小孩的睡眠週期，就是以40分鐘為一個階段，完全和我用經驗值算出來的數據不謀而合。

新生兒也要訂定作息表

〜〜〜〜〜〜〜〜〜〜〜〜〜〜〜〜〜〜〜〜〜

　　我和小孩的關係很親密，但我是非常嚴格的媽媽，親友們也都叫我「虎媽」。我家的牆上不僅有時鐘，可以知道現在幾點，牆上還貼有列印出來的小孩作息表，上面寫了幾點要餵奶、幾點要小睡、幾點該洗澡、幾點要睡覺，時間非常精準。

　　我、老公、公婆、爸媽、我弟，每一位家人都知道小孩的作息表，即使我需要外出工作，幫忙照顧的人也可以知道該怎麼做、預知幾點會有什麼事。

　　雖然是新生兒，但如果每次都在不同的時間睡覺、喝奶，小孩的身體調節系統會比較混亂。

　　對新生兒來說，雖然看不懂時間，但當身體習慣規律的作息，就會非常有安全感。生理時鐘會提醒寶寶幾點該起床、幾點肚子餓了。

　　從小就養成固定作息，吃的時候認真吃，睡飽後自然醒來，不哭不鬧精神才會好。

　　記得一開始的時候，我也經歷過小孩啼哭的階段。但我覺得既然寶寶還小、還不會翻身，大人對於「哭」這件事，不需要太過緊張。

　　因為即使寶寶哭了，也不會自己爬起來，只要確保周遭環境安全，在大人

的監視下，就讓寶寶哭一陣子，沒關係的。

　　大約過了一個星期左右，寶寶的作息就會固定下來，時間到了，眼神便開始迷茫，讓大人知道他想睡了，這時只需要把寶寶放到床上，很快就會自行睡著，完全不需要搖睡。

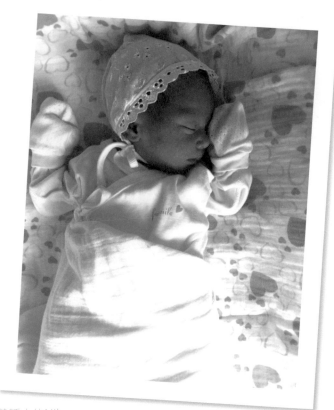

熟睡中的Nika。

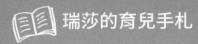 瑞莎的育兒手札

Nika嬰兒時期作息表

喝奶 ⇨ 玩耍 ⇨ 睡覺 的循環作息

　深夜最後一次餵奶可以把燈光調暗，餵完後就不再跟寶寶玩，直接送上床睡長覺。

2個月大	
09:00	睡到自然醒
09:00 ～ 09:30	餵奶
09:30 ～ 10:30	玩耍
10:30 ～ 12:30	睡覺
12:30 ～ 13:00	按摩及餵奶
13:00 ～ 14:00	玩耍
14:00 ～ 16:00	睡覺
16:00 ～ 16:30	洗澡及餵奶

16:30 ～ 17:30	玩耍
17:30 ～ 19:30	睡覺
19:30 ～ 20:00	按摩及餵奶
20:00 ～ 21:00	玩耍
21:00 ～ 23:30	睡覺
23:30 ～ 00:00	餵奶
00:00 ～ 09:00	睡覺

隨著月齡增長，寶寶的活動時間增多。

3個月大	
07:30 ～ 08:30	睡到自然醒，餵奶，玩耍
08:30 ～ 10:00	小睡
10:00 ～ 11:30	餵奶，玩耍
11:30 ～ 13:30	小睡
13:30 ～ 15:00	餵奶，玩耍
15:00 ～ 17:00	小睡
17:00 ～ 18:30	按摩，餵奶，靜態玩耍，洗澡
18:30 ～ 20:30	睡覺

20:30 ～ 22:00	餵奶，靜態玩耍
22:00 ～ 23:30	睡覺
23:30 ～ 00:00	餵奶
00:00 ～ 07:30	睡覺

這時寶寶的作息更加穩定，夜間連續睡眠時數增加。

5個月大	
7:30	睡到自然醒
7:30 ～ 8:30	餵奶，玩耍
8:30 ～ 10:00	小睡
10:00 ～ 11:30	餵奶，玩耍
11:30 ～ 12:30	小睡
12:30 ～ 14:30	玩耍
14:30 ～ 17:00	小睡
17:00 ～ 18:45	餵奶，玩耍，洗澡
18:45 ～ 19:30	小睡
19:30 ～ 21:30	餵奶，閱讀，玩耍
21:30 ～ 7:30	餵奶後，送上床睡覺

♡ 不搖睡、抱睡、奶睡

有些大人會搖睡、抱睡新生兒，或者塞奶幫助寶寶入睡，也有人會在寶寶半夜哭的時候，又再餵奶，這都是不好的習慣。

大家真的不要怕寶寶哭，也不用怕他餓到。除了月齡還小的新生兒，以及體重不足或有異常的寶寶之外，一般健康的寶寶其實跟大人一樣，晚上都是需要多休息的。

寶寶晚上哭，只是因為還沒習慣睡眠週期的銜接，在淺眠期就會哭哭啼啼，這時候如果大人誤會寶寶是餓了，而吵醒他，等於是打斷睡眠。

我從來不會擔心孩子喝不飽。每個階段都有該月齡要喝的奶量，寶寶會喝到自己需要的量，而且如果真的喝不夠，下一餐或隔一天，寶寶一定會想辦法再喝回來。

Nika從我坐月子期間，晚上12點到早上9點是由我媽媽照顧，我會把母乳事先擠出來，請媽媽瓶餵，每次都是餵固定的奶量，並不會因為寶寶喝光光，隔天晚上就再增量，這樣容易撐大半夜的食量。

有的寶寶每次啼哭，大人就一直餵奶；或是以為寶寶沒喝飽才會半夜哭，但其實這樣很容易養成大胃口。而且寶寶發生腸絞痛的問題，很多都是因為喝太飽造成的。

Nika從不曾發生腸絞痛或脹氣的問題，而且她的成長曲線一直在標準之上，所以真的不要再過度餵食了，小孩養太胖不見得是好事啊！

Nika嬰幼兒時期飲食及重要作息記錄

（年份：2017年）

日期	月齡	重要事記
3月3日	5M18D	第一次吃副食品：櫛瓜泥
3月5日	5M20D	第一次吃南瓜＋洋蔥＋紅蘿蔔泥
3月6日	5M21D	第一次嘗試南瓜＋地瓜
3月10日	5M25D	會翻身 從背部轉向肚子正面（翻右側）
3月29日	6M8D	會自己坐（需要一點點幫助）
3月30日	6M9D	第一次吃蘋果泥（蘋果有先蒸熟）
3月31日	6M10D	第一次吃蘋果＋香蕉泥（Nika非常喜歡）
4月1日	6M11D	會抱緊喜愛的黑白船玩具（有精準的抓握力道了）
4月4日	6M14D	第一次去海邊（清醒的看海30分鐘後睡著，醒來後餵食一盤南瓜＋紅蘿蔔＋洋蔥＋地瓜泥，再吃香蕉蘋果泥當甜點）
4月23日	7M2D	第一次去公園的兒童遊樂場，並且坐在她的嬰兒椅上，和家人同桌吃晚餐
5月1日	7M10D	第一次與小男生牽手（只有幾秒鐘時間，小男生叫Berwin）
5月6日	7M15D	第一次吃肉（雞肉）

日期	月齡	重要事記
5月7日	7M16D	第一次吃魚
5月8日	7M17D	開始會往前爬一點點（肚子貼在地板上前進）
5月26日	8M5D	第1顆乳牙冒出
6月19日	8M29D	第2顆乳牙冒出
6月26日	9M5D	在大人的幫助下，站了起來
7月3日	9M12D	首次獨自拍攝照片（《育兒生活Babylife》雜誌封面）
7月11日	9M20D	可以在沒有幫助的情況下，站立停留幾秒鐘
7月26日	10M5D	第一次剪頭髮
8月14日	10M24D	第一次發燒（攝氏38度）
9月3日	11M13D	第3顆乳牙冒出
9月10日	11M20D	第4顆乳牙冒出，第一次嘗試喝全脂牛奶
9月22日	1Y0M1D	會叫「媽媽」啦！
9月26日	1Y0M5D	穿耳洞
10月15日	1Y0M24D	可以獨自往前走10步（大部分時間都需要大人單手牽）
11月27日	1Y2M6D	走得很好，還可以稍微跑一下
12月7日	1Y2M16D	第一次嘗試畫畫

（Y：年／M：月／D：日）

帶小孩一起多曬太陽

我非常鼓勵父母多多帶小孩到戶外活動、曬太陽。

Nika從出生第4天開始,我就常常推著嬰兒車,帶她到戶外散步,累了就直接在嬰兒車上睡覺也沒問題。

我的醫生父親說,胎兒離開漆黑的母體之後,身體開始受到大自然的影響,從環境中的日光、黑暗、冷和熱,慢慢發展出分辨白天黑夜的生理能力。所以多數新生兒的睡眠時間一開始都很混亂,搞得大人沒辦法好好睡覺。

讓寶寶多曬太陽,有助於身體成長和生理作息的穩定發展,晚上也比較好入睡。

我聽過台灣有一句話是「日出而作,日落而息」,意思是要人跟著大自然調整作息,太陽出來就起床,太陽下山就休息。可見規律作息是自古就有的智慧,並不是現代醫學才有的新說法。

做好萬全的準備，就可以帶小寶寶出門囉！

Nika在1歲之前，幾乎白天的時間都在外面玩，如果我有工作，就會請家人代勞。

在Nika嬰兒時期，我們便推著嬰兒車去外面，整個早上都在散步，中午就找個地方坐下來吃午餐，下午再繼續外出。

寶寶白天幾乎都是在嬰兒車上小睡，晚上則一定不外出，盡量讓寶寶在自己的床上睡著。

隨著月齡愈大，睡眠需求量遞減，尤其Nika在過了2歲之後，只需要下午一次小睡就夠了，其他時間一刻也停不下來。

我們吃完早餐後就出門到戶外，玩到中午再回家吃午餐和午睡。午睡起來後，如果天氣不冷，還會再出門玩一趟，直到日落。

嬰兒按摩怎麼做？

　　Nika在新生兒時期，我不只幫助她建立規律作息，「嬰兒按摩」也是很棒的成長推手。

　　大約從Nika出生一個禮拜後，我就開始每天幫她按摩。我覺得嬰兒按摩非常重要，在烏克蘭還會特別請按摩師到家裡按摩及教導新手爸媽。

　　台灣比較少談到這個部分，我也找不到專業的新生兒按摩師，所以我便自己學，看了很多專業書籍和國外醫生拍的YouTube影片，同時我的醫師爸爸也有提供建議。

　　提醒大家，找資料一定要是專業醫師提供的資訊，而不是網友分享，後者的可信度往往不夠。

　　為什麼要幫嬰兒按摩呢？

　　因為胎兒在媽媽子宮內的空間有限、長期被擠壓，所以剛出生的寶寶肌肉是非常緊繃的，四肢都是蜷曲、手指緊握的姿勢，隨著日子一天一天過去，才會慢慢伸展開來。

　　加上新生兒神經系統發育不成熟的關係，常常沒辦法好好睡覺，睡到一半會自己嚇自己，出現四肢抽動、受到驚嚇的反應。

長輩建議的作法是，把嬰兒的手用包巾包得緊緊的。不過，我覺得包太緊有安全上的疑慮，所以沒有使用包巾，但有給嬰兒戴小手套，不要讓她抓傷自己的臉和眼睛。

　　如果可以經常為新兒生按摩，就可以使寶寶安靜下來，也有助於放鬆神經、調節肌肉張力，讓睡眠品質更好、更深層，發展得比較快。對於腸胃道、免疫系統也都很有幫助。

　　按摩時，我會搭配百分之百天然的按摩油或乳液，但即使是號稱「天然」，也要先在寶寶的手腕內側或腳踝塗一點點，測試是否有過敏反應。

　　如果過了45分鐘，寶寶沒有任何不舒服，才可以塗抹在全身。

　　有一次，我直接使用某個全球知名嬰兒品牌的乳液，沒想到Nika竟然全身紅腫，看起來像燙傷一樣。

　　Nika沒有過敏體質，但不知道為什麼那一次會過敏得這麼厲害，後來換另一個牌子就沒事了。要知道哪個品牌適合自己的寶寶，一定要先做過敏測試再使用。

　　我每天都非常有毅力和耐心，在寶寶洗完澡、還沒穿衣服的放鬆時刻，搭配適量的按摩油或乳液，輕輕、慢慢地幫寶寶按摩，讓她放鬆。

　　每次大約按15分鐘就可以，一直按到寶寶10個月至1歲。有的寶寶剛開始學爬行或走路時，會出現O型腿的情況，也可以持續透過按摩改善。

Nika還是寶寶的時候，
我每天都會輕柔地幫她
按摩。

幫嬰兒按摩時，切記幾個小祕訣：

1 一開始只能輕柔地撫摸，不能用按壓的方式，這樣力道會太大。

2 月齡不同，有不同的重點按摩部位，一開始都是從腳底開始按摩。要有順序地按，不能跳來跳去隨便按。

3 新生兒不能按肩膀和背，力道要輕柔，只能讓新生兒感覺被摸而已。可以用撫摸的方式讓寶寶感到末梢神經稍微被刺激，屁股的肉比較多，則可按用力一點。

4 一邊按摩、一邊幫寶寶運動，爸媽可以幫寶寶把手腳輕輕拉開做伸展，舒緩手腳亂揮動的神經系統，讓寶寶感覺到自己的身體。

5 爸媽要專心按摩，不要分心看電視、看電腦。可以唱歌，或者和寶寶說說話、聊聊天。

寶寶脹氣怎麼辦？

不能讓新生兒半夢半醒地喝奶喝到睡著，這樣對身體不好。尤其餵奶後一定要輕拍背部促進打嗝，讓胃腸的氣體排出來，減少肚子脹氣。

打完嗝後，如果過了5到10分鐘，寶寶突然臉紅大哭，就表示肚子裡的脹氣還沒消除。

我們會用溫熱毛巾敷在Nika的肚子上，或是將在美國買的天然脹氣膏，塗在她的肚子上，兩隻手交疊，以順時針方式輕輕撫摸寶寶的肚子。

按摩時，注意兩隻手一定要平均施力，不可以一隻手或單點按壓。

嬰兒按摩的步驟

　　記得力道要非常輕，每個步驟做3次，過程中隨時觀察寶寶的反應，一起找出你們共同喜好的按摩節奏。

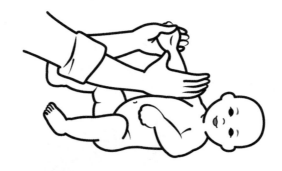

Step1 手臂伸展

A. 從嬰兒的右臂開始，大人的手虎口打開呈大C形，以輕柔力道順著手臂由下往上按摩。

B. 再換左手臂按摩。

C. 最後輕輕揉捏寶寶的每隻手指頭。

Step2 腹部

　以肚臍為中心，用指尖輕柔地在腹部，以滑步的輕動作，順時針重複畫大圈圈。

* 順時針按摩：幫助消化、改善便秘及脹氣。
* 逆時針按摩：舒緩腹瀉、減少脫水。

Step3 腿部伸展

A. 從寶寶的右腿開始，以溫柔的力道由下往上，順著小胖腿按摩。

B. 輕柔地拉開寶寶右腿，協助伸展。

C. 左腿也以同樣的方式按摩。

Step4 腳部按摩

A. 一手輕握寶寶右小腿，大人的手虎口打開呈大C形，由小腿往腳踝的方向按摩。

B. 輕輕按壓寶寶的腳掌，並揉捏寶寶的每隻腳指頭。

C. 左腿也以同樣的方式按摩。

Step5 後背按摩

A. 幫寶寶翻身為側臥的姿勢。

B. 一手輕握腳踝，一手在寶寶的背後，由下往上輕柔移動。

* 有助於刺激交感及副交感神經，幫助情緒穩定及助眠。

Step6 站立平衡

雙手托起寶寶的腋下，讓寶寶的雙腳可以站立於平面。

* 有助於加強雙腿力量，以及調節平衡感。

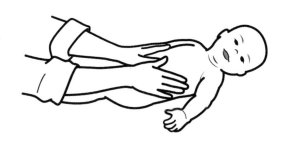

Step7 胸部按摩

A. 大人的雙手虎口打開呈大C形，自胸口向外順勢滑動。

B. 順著肋骨輪廓，往兩旁溫柔延展。

Step8 嬰兒體操

A. 大人一隻手托住寶寶胸部，另一隻手握住腳踝。

B. 適度將寶寶輕輕抱起懸空，有助調節平衡感。

* 還沒滿月的寶寶不適合這樣做，必須等寶寶頸部有力、可自己抬起。

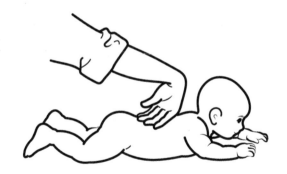

Step9 下背部按摩

A. 幫助寶寶俯臥或趴下。

B. 手指像梳子一樣，輕柔地在寶寶背上，由上往下移動，直到與臀部相連之處。

太常摸小孩的臉，口水會流不停

成為台灣媳婦後，我才知道寶寶4個月大時，有「收涎」的習俗，藉以改掉流口水的壞習慣。

當過媽媽的人一定都知道，其實4個月大後，口水才正要開始大量分泌，並不會因為收涎儀式就變少。

而且，不知道你有沒有發現？有的寶寶經常會不自覺地張口，好像沒辦法關緊嘴巴似的，會沿著下巴和嘴角流出一條細細長長的口水線。

嚴重的話，隨時要更換胸前的圍兜兜，甚至必須出動一整條毛巾，才有辦法「防堵」口水。

知道為什麼寶寶嘴巴關不起來、口水流個不停嗎？有可能是：大人太常摸小孩的臉，摸到臉頰鬆掉了。

別以為是玩笑話，這真的是有醫學研究證實過的。

很多長輩看到新生兒都會說：「哇！好可愛。」然後連問都沒問，就直接伸手去捏寶寶Q彈的小臉蛋。

還有很多爸爸、媽媽喜歡用自己的臉，去磨蹭寶寶的臉頰。（下次看到有人這麼做，或是自己也想這麼做，請立刻停止。）

嬰兒的皮膚薄嫩，肌肉發展不成熟，口腔內分泌唾液的腺體組織發育不完善，大人捏臉頰等外在的刺激，都會導致還沒發展好的肌肉及腺體組織受到損傷，唾液的分泌量和口水外流的現象就會超過正常值。

捏寶寶的臉蛋看起來只是一個小小的動作，大人可能會想：「輕輕地摸應該沒關係吧？」

但如果每天被摸好幾次，你覺得會不會有影響呢？

嬰兒嘴內的腮腺組織和肌肉一次又一次地受到擠、捏，潛在的傷害非常大。

小時候嘴巴闔不起來、口水流不停，還有可能造成寶寶皮膚溼疹、口腔內罹患疾病；長大後則有可能變成歪臉，後果比想像來得嚴重。

如果有人一邊說「你女兒好可愛喔」，一邊想摸她的臉，我絕對不會答應。

「不過就是摸一下而已，有這麼嚴重嗎？」
「我是看她可愛才要摸，幹嘛這麼小氣！」
「小朋友要多給人家摸，才不會怕生。」

NO！NO！NO！如果大人想示好，只要對寶寶微笑就好，不需要肢體接觸，這樣才是真正愛護的行為。

Nika很少流口水，圍兜兜只有在學吃副食品之後才戴，用來防止衣服沾到食物弄髒。

我不曾用臉去磨她的臉，為了寶寶的健康，真的要忍住。

不要「舉高高」，也不要搖小孩

許多長輩或爸媽喜歡把嬰兒「舉高高」，旋轉個好幾圈，看寶寶邊轉邊笑，就以為寶寶喜歡這樣，然後又轉更多圈、搖更大力。

仔細想想，這種行為其實滿可怕的。

不但可能搖出「嬰兒搖晃症候群」，造成腦性麻痺，嚴重的話，甚至會成為植物人或有生命危險。

為什麼會這樣呢？因為嬰兒的身體短短的，頭部卻占全身的比例很高，而且頭部還沒長好，頭骨間隙還很大，加上支撐頭的頸部肌肉發育不完全，搖晃太大時，可能會造成頭部顱內出血。

此外，有些爸媽和長輩會用「搖睡」的方式哄寶寶睡著，甚至還聽過必須開車出去，寶寶才有辦法睡覺，我覺得這種方式不是很恰當，容易養成習慣。

雖然嬰兒喜歡稍微有點搖晃的環境，但當寶寶哭泣的時候，不見得每一次都要抱起來搖啊、哄啊，或是舉高高來安撫。

尤其睡覺這件事占了嬰幼兒日常生活最多的時間，如果每一次都需要大人安撫才能睡著，很容易變成「抱著才能睡，放下就哭醒」的情況，簡直把大人當成床鋪了啊。

有時候，大人為了讓哭鬧中的寶寶趕快安靜下來，會搖得太大力而不自覺，也有可能發生上面說的搖晃症候群。

　　所以，我從Nika出生開始，就固定讓她睡自己的床。不搖、不抱，讓她學會自行入睡，睡得更安穩。

Nika第一次生病：玫瑰疹

可能是從出生第3天開始，每天都在戶外玩的緣故吧，Nika的免疫力比其他同齡的小孩來得好，就算發燒或感冒也能很快痊癒。

到目前為止，最嚴重的一次生病，只有玫瑰疹。（在講這件事的同時，我要迷信地敲一下桌子，把壞運敲掉，拜託不吉利的事不要再來啊！）

Nika在1歲又1個月的時候，有一天突然莫名地發燒到41度，吃了退燒藥也沒有用，降溫不久後，體溫又再次上升。我們帶她去看醫生，醫師說是玫瑰疹，會發燒3天左右，嚇得我回家更加注意。

Nika平常自己睡，但生病時我一定會陪她睡，比較方便照顧。

半夜，她突然抽搐發抖，我趕快讓她側躺，怕她被口水噎到。Nika很堅強沒有哭，只是一直抖、一直抖，我便側抱著她，再用被子將她包得緊緊的。大概過了1分鐘（感覺有一世紀這麼久），她才慢慢恢復。

雖然高燒不退，但我並沒有堅持要留在醫院治療，因為家裡是小孩最熟悉的地方，加上我覺得睡覺對小孩來說是最重要的事，所以能睡就盡量睡，讓身體有自癒的能力。

退燒藥我也採用塞劑的方式，避免吵醒睡夢中的孩子。

反反覆覆高溫燒了3天之後，玫瑰疹終於發出來了。出現疹子表示快康復了，這才讓人鬆了一口氣啊。

Nika的第一口副食品居然是櫛瓜

寶寶在4～6個月時，就可以開始吃副食品囉。

我聽從爸爸的建議，加上Nika在6個月大時，剛好接近春夏季節，比冬天更適合練習吃副食品，所以我們從Nika月齡5個月又18天大，開始讓她吃副食品。

我給Nika吃的第一口副食品，不是大家常說的：用米加水的十倍粥或幾倍粥，而是遵照烏克蘭的傳統——吃櫛瓜泥。

櫛瓜（Zucchini）在歐洲是很常見的蔬菜，但在台灣並不常見，我找了很久，最後在百貨公司的進口超市才發現。

櫛瓜是低過敏原食物，有豐富的膳食纖維和營養。

我先將新鮮的櫛瓜蒸熟，再加水打成泥，當作Nika的第一口食物。

一開始是在餵完母奶之後，接著讓Nika練習吃副食品，先用小小的湯匙嘗試餵個幾口，慢慢地才增加份量。

第一次餵食的份量不能太多，同時選擇任何新的食材，都要先確認寶寶沒有過敏，下一次才可以給多一些。

初期嘗試副食品時，因為母奶還是寶寶的主食，副食品只是幫助學習吞嚥，所以一天只需要餵食一餐。而且一定要在中午，這樣如果寶寶出現不舒服的狀況、需要就醫時，醫院和診所白天都有看診，較為方便。

Nika接著吃的食品是南瓜、洋蔥、紅蘿蔔泥，口感香甜又好入口，Nika接受度很高。後來也嘗試吃香蕉和蘋果泥。

餵到7個多月時，我開始加入愈來愈豐富的食材。讓Nika吃飯和粥，則是在8個月大之後。

等到Nika開始長牙、大約是10個月大起，我也會陸續餵一些固態的手指食物（Finger Food），讓她自己拿著啃食，例如：紅蘿蔔具有豐富的維生素A，削皮後，切成小塊或條狀（方便小孩拿取的大小），就可以讓她練習咀嚼能力，也能減緩長牙的不適。

寶寶1歲之前，我會比較斤斤計較，不僅參考食譜，連食材重量也要秤過。

1歲之後，就沒有算得那麼仔細，Nika的飲食內容，也漸漸與大人同步，變成每天吃三餐的作息了。

Nika從5個多月開始，就開始嘗試吃副食品，並逐漸加入各種不同的食材。

6歲前要打好健康的基礎

我的醫生父親說，一個人的身體健康與否，在6歲前就已經奠定根基了。

我把「健康」當作是對「身體銀行」的一種投資，非常細心地照顧小孩的每一口飲食內容。

在烏克蘭，寶寶吃的肉品大多是從野兔肉或火雞肉開始，因為野兔在野外奔跑，火雞則是在天然的環境中散養，每天自然走動、奔跑，充分曬陽光、呼吸新鮮的空氣，肌肉相對結實，脂肪和膽固醇都不高，又有營養。

在台灣很難買到兔肉和火雞肉，最常見的是豬、牛、雞肉。我覺得在台灣購買肉品需要比較小心，最好是買友善環境飼養及人道屠宰的肉品，雖然價格貴一點，但可以兼顧美味與環境，同時食用起來也較為安心。

在小孩6歲前，這6年多花一點錢，就能對他的人生及健康有長遠的影響，十分值得。

此外，還要注意調味料的使用。Nika 1歲前，我餵她的副食品中，**不添加鹽巴和糖**，減少寶寶腎臟的負擔。

有些醫生甚至建議小孩3歲前都不要食用鹽巴，但我還是會使用一點點鹽巴，一來是調味，二來小小孩非常容易流汗，需要補充鹽份。

蛋白：有造成過敏的疑慮，在Nika滿1歲之後，我才讓她食用，一開始份量也很少（不到1顆）。

油品的使用：我在寶寶1歲以前不添加任何油脂，1歲之後才會在料理時用個幾滴，而且是品質佳的冷壓初榨橄欖油。

♡ 多一點巧思，讓小孩吃得健康又開心

我們喜歡全家人一起吃飯，當餐點端上桌時，大家吃的食物看起來雖然都一樣，其實小孩的那一份可是有所不同，也就是說，同樣的餐點我會分開調理2份。

例如：煮義大利麵時，Nika那一份所使用的油、麵條和肉的食材等級，都會比較好（價格比較貴啦），大人要吃的就可以差一點。

在餐桌上，小朋友不會發現這麼細微的差異，也不會知道自己的餐點和爸媽不一樣；她只會開心地和爸媽、家人同桌吃飯，沒想到背後卻是花2倍以上的時間在準備。

每個小孩喜歡的食物都不同。雖然我最早讓Nika吃的食物是綠色的櫛瓜，但是她長大後並不喜歡吃蔬菜，連花椰菜也不喜歡。

Nika喜歡洋蔥、紅蘿蔔、馬鈴薯泥加優格，還有肉類，這些都很常出現在我家的餐桌上。

為了讓她多攝取來自不同食物的全營養成份，我會輪流採買各種食物，也研究各種料理的作法。

Nika不喜歡吃深色蔬菜，我就會把深綠色的葉菜類煮熟，再與甜甜的蘋果汁、紅蘿蔔汁攪打在一起，變成好喝的果汁。有時候再加一點蜂蜜，小朋友就會愛得要命。

對了，請記得1歲前的寶寶不能吃蜂蜜哦。

 瑞莎的育兒手札

超有效！母奶治寶寶鼻塞

餵母奶不但可以增加寶寶的抵抗力，母奶還是天然的通鼻劑哦。

有些人會選擇吸鼻子的道具，但使用起來不舒服，小孩會哭得更大聲，一哭鼻涕更是沒完沒了，變成一大坨。

我試過最好的方法是：如果寶寶鼻子塞住、呼吸不順，在睡覺時，可以分別各滴一滴母奶到左、右鼻腔中，自然就通了。

母奶可能會流到喉嚨，寶寶能夠自然地吞下，不用擔心卡住氣管。

這是我的醫生父親傳授的智慧，非常實用，大家不妨試試看。

要不要給奶嘴？ Yes，我給！

關於要不要給寶寶吃奶嘴這件事，有各派說法。我查了很多資料，自己想了想，決定：給！

為什麼呢？

因為我查了資料，寶寶在長乳牙時，會想在嘴裡塞東西，我覺得吃奶嘴比吃髒手來得好。

大人可以協助消毒、提供乾淨的奶嘴給寶寶。如果沒有奶嘴的話，寶寶在地上爬一爬，可能就直接吸自己的手，很容易把髒汙也吃下肚了。

寶寶長牙期，前面的牙剛長出來時，會比較癢；到了1歲之後，後面的牙雖然還沒長出來，但已經沒那麼癢了，就不會隨時想咬東西、吸奶嘴或小手手了。

1歲多的Nika，乳牙長好後，白天已經不會想吸奶嘴，但睡前還是要吸才能睡著。

她習慣睡覺時間一到，要吸一下奶嘴，往往吸不到1分鐘就睡著了。吸奶嘴算是一個相當方便的睡前儀式，只要她一睡著，我便把奶嘴偷偷拿起來。

就這樣一直到她1歲8個月，我決定幫她徹底戒奶嘴。

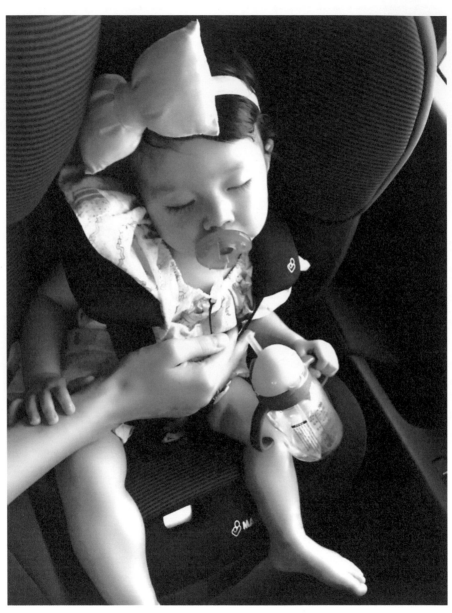

奶嘴變成小小Nika的一種睡前儀式。

怎麼戒呢？很簡單，睡前想吸直接不給！

因為Nika很早就養成固定作息，身體習慣時間一到就要睡覺，所以累了就不一定要有奶嘴的輔助。

她原本會在晚上8點55分吸到奶嘴、9點前睡著，在沒有奶嘴的第一天，她哭了5分鐘後，在9點準時睡著。

隔天，因為吸不到奶嘴，她哭了不到5分鐘，一樣在9點前睡著。

第三天哭的時間又更短，逐日遞減，一個禮拜後，Nika應該忘記有奶嘴這件事了吧，一關燈，馬上就睡著了。

許多小兒科醫師建議，一般戒夜奶或戒奶嘴的練習時間是7天。真的好準！

10個月大開始訓練不包尿布

「10個月戒尿布！會不會太早？」很多人聽到我的方法，大為吃驚。

但我不會用「戒」這麼嚴格的說法，應該是說，我建議10個月大起，就可以讓寶寶練習坐在自己專屬的小馬桶上，養成如廁的習慣。

為什麼是10個月大呢？

因為太小的話，背還不夠硬挺、在小馬桶上坐不穩；月齡再大一點後，就容易分心、會坐不住，想趕快去玩別的東西。

而且愈大愈習慣包尿布，對於小馬桶會因為不了解、不習慣而更加抗拒，所以更難戒掉包尿布。

10個月大的孩子，正值似懂非懂的階段，大人說什麼都會去做，而且特別愛模仿大人的行為。

小孩這時雖然還不會走，但已經坐得很穩了，也會站、會爬，是最適合訓練的年紀。

我看了一些報導，建議最好是10到18個月中間開始練習戒尿布。Nika在10個月大時，剛好是夏天正熱的時候，所以我選擇在此時開始訓練。

戒尿布一定要選在夏天進行，這樣寶寶光著屁股坐小馬桶，才不會下半身發冷。

　　而且剛開始一定會發生來不及抱到小馬桶，就沿路尿在身上、大人手上，或是地板上的糗樣，夏天炎熱，只要把衣服脫掉，直接抱到浴室洗澡就好了。

　　大家可以根據寶寶的月齡和狀況，自行判斷練習的時機喔。

我們很早就開始
訓練Nika自己坐
在小馬桶上。

Nika在10個月大的時候，早上或下午小睡醒來一定會尿尿。

因為作息時間很固定，可以預知她幾點會睡醒，每次小睡一醒來，我第一件事情就是幫她脫掉尿布，趕快抱去坐在小馬桶上。

每一個嬰幼兒醒來的第一件事，一定是尿尿，我的作法是幫助Nika養成「醒來就坐在小馬桶上」的習慣。

♡ 觀念對了最重要

我希望Nika覺得尿尿是一件很棒的事情，所以會在這時，陪她玩遊戲、聊天鼓勵她，甚至讓她一邊坐在小馬桶上，一邊吃喜歡的食物。Nika喜歡吃紅蘿蔔，我就會準備削成條狀的紅蘿蔔，讓她邊坐邊啃。

從10個多月開始練習，到了1歲2個月大時，Nika白天已經不用包尿布，只有晚上睡覺才要包。

練習大便和尿尿的情況是差不多的。每個小孩大便前都會有徵兆，例如，Nika要大便時，臉就會漲紅，我也會趕快把她抱到小馬桶坐著。

我教她如果想尿尿或大便就說「啊～啊～」。後來，即使是外出，Nika也會自己說：「啊～啊～」，這時我就趕快把她抱到廁所去。

有幾次開車在路上，Nika突然說：「啊～啊～」，我便把車停在路邊，將她從後面的座椅抱到前座預先準備好的小馬桶上，「解放」完再繼續上路。

小孩月齡愈大，上廁所愈不是問題，但偶爾還是有感到受挫的時候。

例如，有時候在外面玩得太嗨了，即使我再三提醒要去上廁所，Nika卻選擇繼續玩的話，那麼就有可能發生尿溼褲子的情況。

但我不會因為擔心尿溼而幫她包尿布，當她尿溼了，自己會覺得難為情，就會說：「Nika，啊呀呀！」（「啊呀呀」是我和Nika之間的暗語，如果在外面看到別人做了不好、不ＯＫ的行為，不能直接批評，我們就會說那個人「啊呀呀」。）

我知道包尿布對父母來說很輕鬆，小孩直接尿或大在尿布裡，再丟掉換新的即可。

但我希望早一點養成小孩對自己身體負責任的態度，所以花了很多時間陪她如廁，還有處理數不清次數的尿褲子、尿地板情況。

我的想法比較樂觀，覺得遇到這種事情，只要換一件內褲或衣服，地板再擦一擦就好了。不是嗎？

照顧弟妹不是哥哥姊姊的義務

我在家排行老大，和弟弟相差6歲，我媽媽很棒，從來不曾把照顧弟弟的責任分擔到我身上。她不會讓我覺得當姊姊之後，就註定要照顧弟弟。

媽媽跟我說：「生第二個小孩是大人的決定，所以是大人的責任，不可以把弟弟或妹妹的問題，加在哥哥或姊姊的身上。也不應該讓第一個孩子受到影響，包括和媽媽的關係。」

媽媽的觀念真是太正確了，以後若有第二個寶寶，我也絕對不會叫Nika照顧。

如果她自己要幫忙，可以！但這不是她的責任，這一點要分得很清楚。

Part 4

教養是條漫長路

每個小孩都有天生的氣質。

我希望孩子有個性、有想法，但不代表可以任性。

教養小孩無時無刻都要留心，以及不斷視狀況調整方式。

不養「乖」孩子

～～～～～～～～～～～～～～～～～～～～～～～～～

生活中，常常會聽到大家誇獎聽話的孩子：「真是個乖孩子。」

「乖」、「聽話」幾乎是很多父母，為孩子認定的標準成長路線。

但我覺得，小孩千萬不能太乖、太聽話。

太乖、太聽話的小孩，可能會為了迎合父母及長輩的喜好，變得很多事情都不敢去嘗試，因為擔心做錯會被罵，乾脆妥協或者開始變得沉默。

也有可能表面上很乖，一旦父母看不到的時候，被壓抑住的另一面個性，反彈得更加厲害。

父母可能是為了孩子好，不希望他們面臨失敗，或是太急著幫忙解決問題，這樣一來，很可能會剝奪孩子們的好奇心，長大之後，就成為沒有自主性、缺乏熱情的人。

所以，我反而希望孩子有個性、有想法。

每個小孩都有天生的氣質，Nika可能遺傳到我「堅強」的個性，從在我肚子裡開始，就展現出她的堅強。

隨著月齡愈來愈大，我發現她不僅堅強，還很「堅持」，做任何事情時，都非常勇於嘗試和挑戰。

所以，我不喜歡太過限制她，要她做這個，或者不可以做什麼。

雖然知道她有可能遇到失敗，但我還是會讓她試著做看看，因為這是她自己的決定，而不是媽媽的決定。

等她發現做錯了，或是失敗了，就會知道「下次要換個方式」。

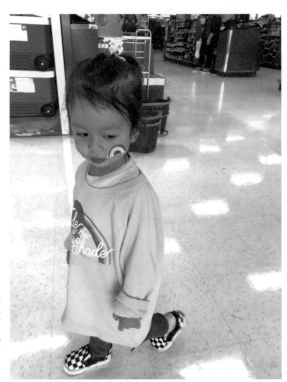

Nika想在臉上貼貼紙出門，沒有問題！只要不妨礙到別人，對身體也沒有不好的影響，都可以做。

不過，有個性、有想法，不代表可以「任性」，或者誤以為想做什麼就做什麼。

　　必須要在懂得尊重別人，而且是安全的前提下，才可以去做自己想做的事。

　　我會觀察孩子的需求，找到能讓她有安全感又有自信的方式，但不會讓她太自由、太任性。

　　有時候，過份尊重小孩，反而會讓她沒有安全感，變成是放縱了，因此需要用點心，找出平衡點。

　　雖然親友們都說我是「虎媽」，會規定作息表、很多東西不讓小孩吃……，但在親子互動上，我是非常有耐性的慈母，並不是大家想像得那麼嚴格又沒得商量。

　　我不要女兒太乖、不希望她怕我，這樣她有事情才會和我分享、找我商量。

　　我和我媽媽的關係非常好，既是母女，也像無話不談的朋友。我希望和女兒也是一樣，可以做彼此最好的朋友。

運動真的太重要了

不用我多說，大家應該都明白運動好處相當多。

我以前是體操選手，老公在美國加州唸書時則是游泳隊，我們都很注重運動，也希望小孩多動。所以Nika差不多2個月大時，我們就帶著她下水嘗試嬰兒游泳。我們也很常帶著小孩出門，全家一起動起來。

對小孩子來說，除了有益健康外，最大的幫助是能夠讓孩子個性變得更堅強、更有自信，也更有責任感。

過去有很多研究證實，愛運動的孩子，在記憶力、整合力和應變能力也會愈好。

我自己就是一個例子，小時候有O型腿，練韻律體操之後，腿就變直了。而且我本來個性膽小、沒自信，又很容易想太多，直到練體操之後，才變得比較勇敢。

誰說顧小孩沒時間運動？老公Mike直接揹起Nika練重訓，小孩也超喜歡的。

帶著小小Nika去游泳。

瑞莎6歲就進入烏克蘭國家代表隊，
接受過嚴格的訓練。

　　在烏克蘭，韻律體操可說是國民運動，平均每3個小女生就會有1個去學，我是非常愛漂亮的雙魚座女生，因為覺得跳韻律體操的選手都好美、動作好優雅，所以也想和她們一樣。

　　我從小就愛韻律體操，如果有15分鐘的時間可以看電視，我寧可選擇觀看體操，而不是看卡通。

3歲那年，媽媽送我去學韻律體操，那時候我常常害怕地躲在更衣室裡，不敢出來和大家一起活動。

很幸運地，我的啟蒙教練非常有耐心，儘管我十分膽怯、動作做得慢又不標準，他也會一直告訴我「你是最棒的」，總是用正向的話來鼓勵我，給了我很大的自信。

經過幾次比賽後，我也跟著愈來愈有自信。6歲時，我進入烏克蘭國家代表隊開始訓練，12歲當上正式選手，成為選手的過程非常辛苦，以前為了準備參加奧運，每天練習12到16個小時，我也曾經練到哭出來。一直到16歲時，因為受傷，才不得已放棄韻律體操的選手生涯。

♡ 透過運動，讓小孩更加自律

運動時難免會感到挫折、疲憊，在過程當中，我學到自律、耐心和責任感，也更懂得處理挫折感。

現在，我在台灣輔導一些小選手，當她們說累了，我就會說：「你現在覺得累，以後長大不會累嗎？」

對我自己的小孩也是一樣，我教Nika不要等禮物從天上掉下來，一定要努力才有收穫。

Nika從小跟我一起去看韻律體操比賽、陪我和小選手們練習，總是看得目不轉睛。在2歲多時，她也開始有樣學樣地跳起韻律體操的動作，才小小年紀的她，沒想到跳得蠻標準的呢。

我不奢望她以後多厲害，或是會把這項運動當成職業，但我希望無論如何，她能夠一直運動下去。

好動的小孩是有創意的，放電愈多、愈懂得玩的人，愈能夠面對未來的挑戰。運動的好處是會影響我們一輩子的。

Nika和我小時候很像，都屬於精力旺盛、沒有辦法安靜坐太久的小孩，往往坐下來才5分鐘就會跑掉，所以非常需要到戶外「放電」。

消耗體力後，Nika每天晚上9點睡覺時間一到，幾乎是秒睡，一覺好眠到天亮。

Nika也很少生大病，感冒或發燒往往都能恢復得很快，我想藉由運動養成的好體質，對她肯定是很大的幫助。

我常常和小孩一起下場玩，沒想到這個洞竟然這麼小，我太高，卡住啦！

「玩髒了」也是一種探索世界的方式

你曾注意過嗎？小小孩對於玩水、玩沙，總是好著迷啊。

很多專家都說，玩沙和玩水能開發觸覺、刺激大腦，也可以增加創造力和想像力。

Nika每天幾乎一定要到戶外玩耍，一天在外面玩6、7個小時是常有的事。天氣好的時候，玩沙和玩水是最棒的玩法之一。我們也在家中客廳的角落，準備了一個小桶子，裡面裝了沙子，讓她隨時想玩就可以玩。

「那個好髒，不要碰！」

「全身會溼透，不准玩水！」

我知道有些父母覺得小孩玩沙或玩水，容易弄髒身體，所以不想讓他們玩得太High。既然都帶出門玩了，就要有「髒兮兮」的心理準備，回家洗乾淨就好了啊！

允許「髒」這件事，也就是提醒自己不要給孩子太多限制，才能讓孩子主動探索與體驗世界。

我和家人都會鼓勵Nika出門玩的時候，玩得愈髒愈好。衣服髒了，表示愈盡興、愈投入。

炎夏時，帶Nika去戶外玩水，把褲子脫掉，用水在牆上畫畫。真的玩瘋了！

天氣炎熱時，我們甚至讓Nika脫光光，直接在水中打滾或沖洗，就算全身玩得都是沙子，也完全沒問題。我希望她愈貼近大自然愈好。

有些大人會擔心世俗的眼光，覺得在公共場合不應該太裸露，但對於小小孩，不用帶著有色眼光。只要確定沒有影響到別人的權益，就做自己吧。

在台灣十分方便，很多地方的育嬰室、廁所都有親子空間，可以幫孩子更換衣服，炎熱的夏天更是方便，衣服、褲子一脫就可以下場玩了。

我希望用最貼近自然的方式來教小孩，只要是天氣炎熱的夏天，我們常常在家裡一絲不掛、興奮地到處蹦蹦跳跳，直到累了才跑到床上睡覺。到外面去玩的時候，只要不影響別人，Nika也是經常脫光光，用盡全力玩。

瑞莎的育兒手札

帶小孩出門，我的教養大原則

不可以對別人造成影響

✕ 講話太大聲　　　　✕ 動作太激烈

不可以沒禮貌

✕ 和別的小孩吵架　　✕ 沒有經過同意就拿東西

不可以做危險的行為

✕ 靠近窗邊　　　　　✕ 摸危險物品

　　只要不妨礙別人，對孩子的身體也沒有不好的影響，就是可以做的行為。就算被別人指指點點，也不用在乎，因為在我們心中，她就是最特別的小孩。

帶小孩出門，我這樣做

玩得很髒也ＯＫ

〇 愈髒代表玩得愈開心

放下手機，盡量一起下場玩

〇 大人也可以一起做運動

給予鼓勵，建立孩子自信心

〇 提升孩子的學習力及想像力

多用問句討論，少用命令句

我「不講道理」，因為家長愈講道理，小孩往往愈不聽話。

當出現狀況時，只要不是有立即危險性的事情，我不會馬上幫Nika處理，而是會用「問句」問她：「那你覺得這件事應該怎麼解決呢？」

我用「問句」或是「選擇題」的方式，讓Nika自己去思考，而不是說出「命令句」。

因為教養小孩並不是用說的就有效，而是要讓孩子願意這樣做、願意這樣想的一個體驗過程。

舉例來說，當天氣熱，想幫滿身大汗的小孩換衣服時，偏偏他玩得正起勁，不肯中斷遊戲，就可以問孩子：

「天氣熱熱，身體會流汗，那你覺得有沒有可能會感冒？」

「衣服也會覺得不舒服，對嗎？」

「我們讓溼溼的衣服去洗澡，洗乾淨好嗎？」

我不會強迫或命令孩子，一定要照我的話去做。通常小孩聽到問句，會覺得大人尊重他，也就願意思考並同意去做。

如果小孩不想去洗澡，最好的方式是慢慢引導他。例如，我會挑選好聞的泡泡露（這款還有歐洲抗敏認證），因為Nika喜歡它的洋甘菊淡淡香味，就會比較願意放下玩具去洗澡。對了，讓孩子泡泡澡也能幫助感覺統合喔。

　　再舉一個例子。有時候去外面玩，在開始玩耍之前，我總會提醒、鼓勵孩子要先上廁所，如果Nika選擇「NO」，那麼她可能就會遇到玩到一半，直接尿溼褲子或尿在地板上的窘況。

　　這時候，我不會自己一個人去善後，而是帶著Nika一起拿衛生紙把它擦乾淨。如果都只有父母親處理的話，對小朋友是沒有幫助的，能夠讓孩子參與其中，才會增加學習的能力。

　　而且，在下一次玩耍前，Nika就會比較願意先去坐馬桶了。

在女兒面前，我也常常裝笨，反過來請求Nika協助：「你可以幫媽媽的忙嗎？」這樣就能引發小孩的責任感，主動想要幫忙或提醒媽媽。

Nika也會幫媽媽一起做餅乾。

在平常的生活中，我常常會用小事來試探女兒的反應，讓她增加同理心、觀察力及自信心。

例如，坐車時，我會假裝忘記繫安全帶，Nika就會提醒：「媽媽，要綁安全帶哦！」

這時，我會大聲地稱讚她：「哇！我忘記了，Nika怎麼這麼聰明，太感謝了！」

聽到稱讚後，Nika就會內建「我很厲害」的自信心模式，下次就會更注意周遭發生的事情，看看還有哪裡是她可以幫忙的。

我幫小孩訂了很多無形的作息表，其實更像是一種引導，幫助孩子建立有規律的生活節奏之外，也帶給她一些自信。

我希望透過各種方式，讓Nika覺得自己很棒、自己是有力量的，不但可以做很多事，也可以幫助別人。無論如何，前提是一定要善良、替人著想、不自私。

這些善和美的價值觀，會漸漸在孩子的心中形成，他們會知道哪些是不好、不該學習的事，哪些是自己有能力而且可以做得更好的事。

打小孩，輸家永遠是爸媽

～～～～～～～～～～～～～～～～～～～～～

每個小孩似乎都有「一秒鐘惹怒父母」的本領。坦白說，有時候真的很想一巴掌就打下去，但是我不能讓自己這麼做。

打小孩很簡單，但那只是逞一時之快，到頭來等於是自己喊弱、認輸了。

小孩都會模仿大人，當你打小孩的時候，其實就是顯示出「父母的情緒管理也有問題」。

所以，我認為小孩做錯事，父母該做的是好好溝通、好好講，這樣一來，孩子比較不會亂發脾氣、反彈回來。

如果採用情緒性的處理方式，像是打、罵，只會讓問題和壓力持續累積，不但沒有解決事情，對小孩也沒有正面的幫助。

我常跟Nika說：「腦袋是用來想事情的，所以不要用『凶』的方式來解決問題。」

講這句話的同時，也是在向我自己喊話。

我的脾氣不好，容易激動和緊張，幸好遇到脾氣超好的老公，他很有耐性，總是願意坐下來，彼此好好地聊，一起抽絲剝繭地想出問題點。

受到他的影響，現在我也學習採用溝通的方式，來對待夫妻和小孩之間的衝突。至今，我和老公都沒有打過小孩，「好好說」就是我們最堅持的教養方式。

為什麼要讓小孩自己想答案？

「下雨天，為什麼不能出去玩？」有一天，還不滿2歲的Nika問。

前一天原本答應要帶她去戶外公園玩，因為下雨而無法出門，於是Nika開始有點鬧脾氣。

我當然可以簡單地回答：「因為身體會弄溼，所以不可以。」或者端出母親的權威說：「不可以就是不可以。」

但我沒有這麼做，反而花了大約20分鐘的時間，和她「討論」及「商量」為什麼「下雨天不能出去玩」這件事。

「身體會弄溼……」

「溼了回到家，地板會髒……」

「細菌會跑到身體裡……」

「好像會感冒喔……」

「感冒要躺躺，就不能出去玩……」

Nika在我的引導下，認真地想了很多答案，等到她覺得滿意了，就笑著跑開，自己去房間找玩具玩，不再執著於「一定要出門」這件事情上。

有段時間我工作比較忙，Nika特別會發脾氣。後來發現，原來我和孩子相處時，表現出來的行為就是想趕快「打發」她，這樣我才能做自己的事。

孩子們很厲害，能夠感受到媽媽的不耐煩，於是也跟著用「生氣」的情緒回應。

後來我換了一個方式——**看著孩子的眼睛說話**，立刻就產生一百八十度的正面改變。

我希望Nika可以成為一個有好奇心的小孩。

不管多忙，只要Nika問問題，我一定會停下手邊的事情，眼睛專注地看著她，好好地跟她解釋。

其實，小小孩也許不了解媽媽說什麼，但看到媽媽很誠懇地看著自己，就會覺得「受到尊重」、「媽媽了解我」，這麼一來，媽媽說的話也就聽得進去了。

如果只給「Yes」或「No」、「可以」或「不可以」的答案，等於是把小孩的好奇心壓下去，反而會造成他們情緒上的不爽和反彈。

脫離嬰幼兒牙牙學語的階段，1歲多之後的Nika進入語言大爆發的時期，看到什麼都要發問，我常常一整天都在回答她的問題，到晚上聲音都沙啞了。

我相信這是值得的，能被孩子纏著問個不停的時光，也就只有這麼短短幾年，當然要珍惜。

被欺負就要學會保護自己

學齡前的小小孩最早接觸的社交環境，應該就是「公園」了。

公園裡，各式各樣的小孩都有。有像我一樣，是媽媽帶小孩來，也有些是阿公、阿嬤帶孫子來玩。

每個小孩的個性都不同，有的會先觀察、不敢直接下場玩；有的好動，一到公園就像脫韁的野馬到處跑、跳，或者爬高、爬低。

還有一種是沒禮貌的小孩，把公園當成自己家，如果不遵守他的遊戲規則，甚至會出手欺負其他小孩。

我教導Nika，在公共場合要有禮貌、有同理心，如果有小朋友在哭，Nika就會跑去問他「還好嗎」、「可以一起玩嗎」，她從小就會觀察別人的需求。

雖然Nika不會主動與人爭執，但如果真的遇到其他小孩故意推擠或出手打人，我教Nika要懂得保護自己，不要怕對方個子高、年紀長。必要時，在雙方都不會受傷的情況下，甚至可以還手。

我知道可能有些父母不同意這點，覺得這樣只是「以暴制暴」，甚至看到我是藝人，還會覺得怎麼可以讓小孩打人。

我認為，如果被人故意無禮地推、打，難道只能忍耐、繼續被欺負下去嗎？

我們一直教小朋友打人是不對的，但其他家長不見得會教。一旦上學後，霸凌最容易發生在家長、老師看不見的時候。

可以教導孩子懂得包容，但不是縱容。我也不會因為自己是公眾人物、怕在公共場合被指指點點，就覺得要摸摸鼻子、自認倒楣。

身為母親，我教Nika要機智、勇敢地捍衛自己正當的權益。

公園不是專屬於誰家的，被欺負的人也不是弱者，適時地回擊，只是拿回自己的遊戲權，更是建立孩子的膽量及自信。

如果打人的小孩和家長，在經過溝通後還是沒有悔意，那麼，我會選擇把Nika帶離公園。下次如果再遇到，也會有警覺、知道要更加小心。

Nika不喜歡洋娃娃，她說要照顧蜘蛛，因為蜘蛛很醜又沒有爸爸媽媽，如果沒有人照顧就太可憐了。

放下手機，陪孩子一起下場玩

在公園、親子館或遊樂場，經常看到很多父母任憑孩子去溜滑梯、玩設施，自己卻坐在一旁滑手機。

從Nika出生到2歲多，幾乎每天白天都會出門玩，而且玩得很瘋。我沒有請保姆，多數時間我就是主要照顧者。如果有工作時，則由老公、公婆或是爸媽輪流帶出去玩。

我們陪小孩玩的方式，都是百分之百使盡全力，不會發生「小孩去玩，大人在旁邊滑手機」的情況。

隨著小孩年紀愈大，我希望她可以發揮自己的創意和玩法，便會故意指派「工作」或「任務」給她。

例如，在玩沙時，我會說：「你可以煮一碗麵給媽媽嗎？」這樣能訓練她自己獨立完成某件事，甚至想出更多創意的玩法，不必非得拉著大人陪伴才能完成。

就算只是在旁邊看著，我還是不會滑手機，一定是全神貫注，眼神放在小孩身上。

小孩安全感的建立是循序漸進的，唯一的心法就是「陪伴」。

我相信，只要能在小小孩時期，建立起孩子的安全感，將來她就能更獨立。

我和老公希望小孩多開發肢體，所以會親自玩給Nika看。我們不顧形象，就在公園做起瑜伽來，小孩看著看著，便跟著模仿了。

瑞莎的育兒手札

陪小孩一起變得勇敢

　　我是一個非常怕高的人，但為了陪小孩從高處溜下來，我選擇挑戰，克服自己的懼高症。

　　這片草原看起來又高又陡，坡度應該有45度吧。當時我已經有點腿軟了，但還是要表現出一副「大無畏」的樣子。

　　不能讓小孩知道媽媽在害怕，這樣才不會限制小孩的勇氣，否則他可能也會一開始就顯得膽怯，不敢去嘗試。

　　當我觀察了一下環境，確定是安全的，便在附近的垃圾桶邊找了一個紙箱，用它墊著屁股，然後抱著女兒從草原最高點一路滑下去。

　　滑到下面後，Nika說：「太好玩了！還要！」旁邊的人發現我是瑞莎，我只好瀟灑地微微笑，硬著頭皮再滑一次。

睡自己的床！別跟爸媽睡

我有些朋友的小孩已經6、7歲了，卻還是和媽媽一起睡，朋友無奈地說：「親子同床不太好啊，這樣媽媽就沒辦法和爸爸睡了……」聽得我又心疼又好笑。

有了朋友的例子當借鏡，我當上媽媽後，就下定決心：不能讓小孩養成和媽媽睡覺的習慣。

Nika在6個月大之前，晚上12點到早上9點是睡在我爸媽的房間，白天的幾次小睡，如果是在外面，就讓她在嬰兒推車上睡著；若在家裡，就會讓她躺在主臥室的大床上睡覺。

月齡6個月後，我們便把Nika的嬰兒床從我爸媽的房間移到主臥室，讓她和我及老公同房。

這時候寶寶已經對環境有明顯的感知能力了，所以我們很堅持一件事：要睡自己的床！只有偶爾睡午覺和生病時，才會破例讓她爬上大人的床。

在寶寶還不會翻身的時候，我們把靠近大人床邊的嬰兒床一側柵欄拆掉，方便餵奶、換尿布。等到Nika會翻身之後，就經常翻到大人的床上睡覺。

Nika抓著媽媽的手，就會有安全感。

因為聽過太多「寶寶和大人同睡之後，就不願意再睡嬰兒床」的案例，所以我堅持要守住防線，於是把嬰兒床的柵欄裝回去，這樣Nika就沒辦法「逃脫」到大人的床上。

我希望養成Nika獨立睡覺的習慣，所以她如果在淺眠期啼哭，我最多也只是從嬰兒床的柵欄縫隙中，塞一隻手進去安撫，不會把她抱起來哄睡，或是就此妥協、讓她睡大人的床。

Nika在2歲3個月大時，我們讓她搬到獨立的房間睡覺。（主臥房裡終於沒有「小三」了。）因為從嬰兒時期就養成自己睡覺的好習慣，所以我們陪睡的陣痛期只有幾天而已。

2歲多的Nika，每天固定的入睡時間是晚上9點，所以我們很少天黑後還在外面。通常7點半就要開始進行睡覺儀式，不再讓她跑來跑去、也不能太激動，所以我會用緩慢的聲調講故事，溫柔地和她說話。

9點關燈時間一到，往往不到幾分鐘，Nika就昏迷不醒了。（爸媽就可以下班了，yay！）

嬰兒床也是一門大學問

Nika一生出來就睡嬰兒床，我們希望讓她養成獨立睡覺的習慣。

嬰兒床墊最好使用與大人一樣的獨立筒床墊，我知道很多人會覺得要讓寶寶睡硬一點的床，不過其實也不能太硬。有研究發現，新生兒剛從媽媽肚子裡出來時，整個人是蜷曲的狀態，如果在太硬的床上睡覺，對其身體的發展不利；而太軟的床墊則因容易變型，支撐力會不平均，也不是很好的選擇。

最好的床墊必須能夠支撐寶寶的身體，防止脊椎變形。我花了非常多時間查詢，參考很多醫生的建議，後來使用專門給嬰兒睡的床架和床墊，價格上雖然不便宜，但嬰兒床大概可以睡到1歲10個月到2歲出頭，如果有生二或三胎的打算，其實是符合CP值的。

有一點稍微提醒爸爸、媽媽們，如果要給下一個寶寶使用，嬰兒床可以保留沿用，但床墊一定要買新的，以免裡面滋生細菌。一個床墊用了將近兩年，也值得了，為了寶寶的健康，千萬不要捨不得換新。

還有，床單必須常常清洗，這點很重要。新生兒的床單每3天就要更換，因為新生兒特別會流汗，而且剛從媽媽的肚子來到世界上，還沒有習慣空氣中的細菌，需要提供寶寶乾淨的環境才行。

　　大概到寶寶1個月大之後，床單才開始1週更換1次；1歲之後再變成2週更換1次床單及被套即可。

　　床單要挑能夠透氣的材質，天然純棉是最適合的選擇。

老公是最好的「神隊友」

　　老公Mike從交往開始就非常貼心，原本以為結婚後，他可能會變得沒那麼浪漫或主動，但婚後他反而對我更好，一直幫助我、支持我，在育兒路上，更是100分的神隊友。

　　管教小孩時，我是比較嚴格的虎媽，通常由我扮黑臉，老公則是白臉的角色。但有時候也會角色對調，讓彼此都能喘一口氣。

　　小孩難免有講不聽的時候，面對女兒偶爾的無理取鬧，我和老公溝通過，我們一定要有著相同的理念。

　　當其中一人在教育小孩時，另一個人絕對不能當場持相反的意見，不然等於扯對方的後腿，讓小孩知道有縫隙可以鑽漏洞。

　　我通常要求小孩比較多，而老公會適時地提醒我，不要繃得太緊，對待小孩不是在工作，可以放鬆一點點。我們夫妻倆截長補短，剛好是平衡互補的個性。

♡ 用「愛」當作孩子的榜樣

　　「爸爸對小孩最關鍵性的影響，就是付出愛，以及好好照顧孩子的媽媽。」

「有一個快樂的媽媽，是育兒中最重要的事情。」

我父親曾經和我老公說過這些話，而Mike的確也做得很好。

他沒有要求我當個全職媽媽，全力支持我「繼續工作」的想法，而且當我出門工作時，他更經常一打一，是個相當稱職的爸爸。

只是……這位爸爸顧小孩的方式，也太寬鬆了吧。

舉例來說，我不給女兒喝冰飲，也不讓她看太多電視。Nika還小時，不懂得表達，現在長大、比較會講話了，我才從她口中得知，原來爸爸會給她喝冰的飲料，也會讓她看卡通。小孩不會說謊，都會一五一十乖乖地跟我說，聽得我又好氣又好笑。

難怪有人開玩笑說，把小孩交給爸爸顧，標準是「只要還活著就好了」！真的是滿貼切的。

我們怎麼和另一半相處，其實都是受到父母互動模式的影響。我的父母即使結婚幾十年，感情依然十分融洽。

現在我和Mike也是如此，同時很感謝老公讓我能夠做自己，相信未來我們的感情也能一直甜甜蜜蜜，成為Nika的好榜樣。

老公Mike和女兒總是玩得不亦樂乎。

1歲打耳洞有何不可呢？！

　　小小年紀的Nika，對於美學和衣服穿搭已經很有自己的想法，她不喜歡芭比或洋娃娃，也不愛一般女生喜歡的粉紅色和蕾絲，反而喜歡走個性風。

　　每次出門時，Nika想穿什麼衣服都是自己決定，只要不影響健康，不會穿得太少或過多，我完全願意尊重她。

　　我從小對美就很有看法，在1歲時被媽媽帶去打了耳洞，開始戴耳環。記得上幼稚園時，我覺得自己有耳洞特別漂亮，為我帶來不少自信。而且長大後就不用再打，又可以一直戴美美的耳環，所以同學們也很羨慕我（他們怕痛不敢打耳洞）。

　　我希望Nika也能有美感，所以在她1歲生日後，就帶她去打耳洞，為了不要讓她害怕，我便先為自己多打了一個耳洞。

　　在歐美，許多月齡很小的寶寶都會打耳洞——這是媽媽給女兒的禮物。我覺得讓孩子打耳洞，只要健康安全，而且做足消毒和保健，並沒有什麼大不了。

Nika在1歲時就有耳洞，戴耳環增加了她的自信，讓她覺得自己很漂亮。

就像西方人其實也不太理解為什麼東方人要「點痣」、「去斑」，這些都只是文化上的差異和認知不同而已，沒必要覺得不好或投以異樣眼光。

　　小小孩打耳洞只會哭一下，很快就不痛了，而且她很快就記不得這件事，不太會亂拉扯。如果孩子大一點之後才去，反而會一直拉耳朵，容易導致感染。

　　打耳洞只有一開始需要小心護理，之後就可以一直美美的。Nika和我一樣非常喜歡戴耳環，她有一個專屬的兒童首飾盒，裡面裝了心愛的耳環。

　　她也會模仿我化妝、塗指甲油的動作，我從來沒有特別教過她，只是她每天看我塗塗抹抹，自然就學會了。

　　不管幾歲，女孩兒都是愛漂亮的。腦袋固然重要，但如果也能顧及外表，不是更好嗎？我覺得好好地打扮，也是女性力量的一部分。另外，像是生活美學，更需要從小就開始培養。

Nika滿1歲時，我們幫她辦了一場生日派對。耳洞就是送給她的生日禮物。

喜歡天生的自己

　　每個人身上或多或少都會有痣，有的大、有的小。痣長在臉上影響比較大，有些人會做手術把它除掉，認為臉就是要乾乾淨淨的才好看，但我卻覺得：「天然的最好！」

　　我自己的臉頰上有淡淡的雀斑。小時候我很喜歡有雀斑這件事，覺得真是太可愛了，還問媽媽有沒有藥膏可以塗，好讓我多長一點。

　　Nika的右胸下方有很明顯的胎記，左邊眉毛上也有個痣，我跟她說，身上所有的痣、胎記都是身體天生的一部分，只要有自信，就是最漂亮的！

　　只要懂得欣賞自己，有時候多了這麼一顆痣，反而會讓自己的迷人指數更加UP、UP哦！

分離焦慮症該怎麼辦？

Nika在1歲多時，分離焦慮的症狀很嚴重，連我去上廁所，才1分鐘的時間她也會擔心、生氣，到最後連我洗澡，都要開著門讓她看才可以。

生完小孩沒多久，我就開始接工作了，1歲以前的嬰幼兒不太會怕生，什麼人抱都可以，還會笑嘻嘻的。但1歲之後可就不是這樣了，小孩變得非常依賴媽媽，Nika一直到2歲多，依舊沒辦法接受我要出門工作這件事。

當我要工作時，每次都是趁小孩不注意偷偷跑掉。我試過當面道別，但好好地講，小孩反而會哭得更慘。所以，這時媽媽默默地離開，通常會讓小孩哭泣的時間短一些，也是比較好的做法。

有一次我要出國工作5天，事前先提醒老公，沒事千萬不要提到「媽媽」兩個字、不要給女兒看媽媽的照片，更再三交待：「千萬不要開視訊！」

沒想到老公還是踩了地雷，在第2天開了視訊，結果呢，小孩在手機前哭個不停，大吵大哭著要媽媽，哭了整整3天。

當我結束5天的工作回到台灣時，飛機才一落地，老公就說他已經開車載著Nika到機場接我，沒有辦法等我回到家了。

Nika還是小小孩時，最「黏」的就是媽媽了。

老公不能理解分離焦慮的狀態，他覺得「想念就要見面」，我說：「因為女兒面對爸爸，不會有分離焦慮啊！」

　　有了這次慘痛的經驗，老公從此知道一旦我不在Nika身邊，「千萬別在小小孩面前提起媽媽」。

　　根據有經驗的媽媽朋友說，小小孩的分離焦慮通常在3歲時會減緩。

　　3歲正好是我希望Nika能去上幼稚園的年紀。我發現早一點被送去上學的小孩，比較勇敢、懂得保護自己。

　　而且比起家裡只有一、兩個人教她，早點去幼稚園也可以多吸收新知，雖然分離很痛苦，但這是必要的過程。

　　每次經過任何幼稚園時，我都會告訴Nika：「只有厲害的大孩子才能去唸書，Baby不能去哦！」我想Nika已經準備好，要進入人生的下一階段了呢。

瑞莎的育兒手札

當媽媽也可以追求自己的夢想

有了小孩之後，我的生活便以家人為重。但是工作對我來說，也相當重要，我並不會因為想陪小孩，而減少工作量。

「媽媽」只是我的身分之一，我還是想要追求自己的夢想。

我認為，如果可以，媽媽最好保持工作狀態，不要太脫離社會。當然和小孩相處的每一刻，不管時間長短，都要全心陪伴。

老公和Nika就是我最堅強的後盾。

看手機不是重點，重點在陪伴

Nika每天吃晚餐時，會有15分鐘的看卡通時間。因為我和老公分別忙了一整天，晚餐是我們可以坐下來好好聊一聊的時段。小小孩卻很容易在傍晚時情緒激動、煩躁，經常坐不住；看卡通可以幫助她稍微冷靜下來，也讓我們夫妻喘息一下。

我並不是給Nika一台手機或平板，讓她自己操作，而是事先篩選好影片，挑選適合她學習的內容，並且設定好時間。

觀看的時間不能太長，以免她過度著迷，導致傷害眼睛。而且看卡通的時候，我也會在旁邊留意她的狀況，並不是放任她自己亂按。

有些人會批評「讓小孩看卡通不好」、「小孩看手機，眼睛會壞掉」，但我覺得不能一味的批評。

永遠不要隨意評論別人怎麼帶小孩，而且看卡通不是重點，重點是家長有沒有「陪伴」。

每個媽媽都會覺得自己的小孩最特別，有時候耳朵要選擇性地關起來，不要被過多外在的聲音干擾了。

四國母語，小孩會混淆？！

學齡前的小孩學習力很強，所以學起語言來也相當快速。Nika在耳濡目染的環境中，自然而然會說四種語言：中文、英文、俄文和烏克蘭文。

Nika在台灣出生，老公Mike這邊的家人都以中文和她溝通；我爸媽中文不太好，所以跟她講俄文和烏克蘭文；我和老公日常生活的對話，則是中文和英文搭配使用。

我在為Nika讀童書繪本時以英文書為主，中文繪本則會請老公先讀一遍中文，再把發音用羅馬拼音抄寫下來，我就能讀給Nika聽。

天天在四國母語的環境下長大，導致Nika剛開始學說話時，經常把這些語言混著說，常常一句話就會用到三種不同的語言，例如：「請給我一顆蘋果」，她會說：「請給Я Apple」。

這還算好猜的，有時Nika會用這些語言講一大串話，因為咬字本來就不清楚，而且對句子的結構也還掌握不好，常常讓大家猜半天，還是不懂她在說什麼，搞得她自己也愈講愈生氣。

原本我們也很心急，擔心她會不會有語言發展障礙的問題。

還好有專家說，語言本來就是建立在溝通的基礎上。透過不斷地聽大人說話、模仿大人，以及生活經驗累積，正常的小孩在3到5歲之間，大腦會建立好切換機制，可以讓她對母語擁有完整的聽、說能力，在日常生活中順利地交談溝通。了解這點之後，我就放心多了。

　　如果不是像我家這樣的多國組合，又想讓小孩打好外語基礎的話，我覺得勤讀兒童繪本很有幫助。

　　我們家每天都會讀英文繪本，帶Nika一邊看著精采的插畫，一邊聽著有趣的故事，在沒有壓力的情況下，讓她每天都能熟悉英文（外語）的語調和單字，增進聽、說能力和對句型的了解。

　　我也很愛讀中文繪本，藉此幫助自己的中文能力更加進步。真的非常推薦大家，學語言可以從讀繪本下手！

瑞莎的育兒手札

從小培養愛讀書的孩子

顏色和圖像可以刺激嬰兒的視覺認知，對於大腦的發展與學習也有幫助。

從Nika 3、4個月大開始，每當她清醒不哭鬧時，我們就會拿視覺圖片讓她看。在8個月之後，我開始唸一些有故事情節的書籍給她聽，其中有許多是英文和中文繪本。

為了做這件事，我看中文字的能力也變得好很多。我會先請老公唸給我聽，遇到不懂的字，便在旁邊寫羅馬拼音。

當媽媽後，很多事情都要再學習，好像人生又活了一次，非常忙碌和充實啊。

當藝人媽媽，我不怕丟臉

我希望Nika能做自己，不要羞怯、要有膽量，所以我帶她出門，一定會玩得很投入。

我不會因為自己是公眾人物，怕被別人拍到，就不敢做一些事，也不會戴口罩或帽子遮掩。當媽媽後，我完全不怕丟臉，一切以小孩為主。

就算有鏡頭拍我們，我還是照常做該做的事、玩想玩的東西。我也不希望Nika感覺有人在盯著她，希望她能好好地呈現一個小小孩原本的樣子。

我努力提供孩子足夠的力量和支持，教她懂得尊重、保有善良和自信。只不過，有時如果不留意，好與壞只是一線之間，例如自信與驕傲。

所以，教養小孩無時無刻都要留心，以及不斷視狀況調整方式。

最率真的我們。

我會拿周遭的事件來教Nika，培養她的觀察力與同理心，讓她不要把重點放在自己的需要上，才不會變成在公共場合亂叫著「我想要」的小孩。

但Nika畢竟是小小孩，在她很累、睡不飽，或是玩得太激動的時候，還是有可能沒辦法控制情緒，因而哭鬧起來。

這時候我會視她當下的需求，想辦法讓她停止哭鬧，或是說服她離開公眾場合，以免影響他人。

有時候，她陪我去工作或拍照，如果等得太久，就會開始不耐煩，像是會跑掉或想趕快離開，這時，我會詢問工作人員是否可以暫停一下下，陪她換個環境，或者趕快拍完、盡早離開。

小小孩的耐心和專注力本來就有限，不可能要求他們和大人一樣，所以這一點我會非常尊重Nika的需求，而且如果因此責罵小孩，下一次她就不會願意陪同或提供其他幫忙了。

小小Nika偶爾會參與媽媽的拍照工作，她覺得自己幫了媽媽很大的忙，非常有成就感。

謝 謝 Nika 來 到 我 的 生命

Mommy

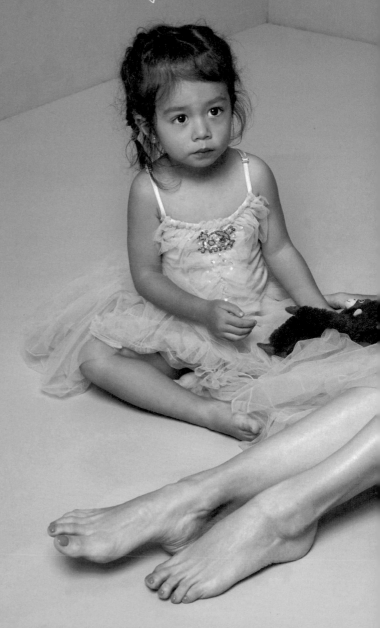

國家圖書館出版品預行編目 (CIP) 資料

東西邂逅萌寶貝 瑞莎 X Nika 的幸福零負評教
養日記 / 瑞莎作 . -- 初版 . -- 臺北市：創意市
集出版：城邦文化發行，民 108.06
面；　公分

ISBN 978-957-9199-56-8(平裝)

1. 懷孕 2. 分娩 3. 婦女健康 4. 育兒

429.12　　　　　　　　　　　108007646

作　　　者	瑞莎	發　　　行	城邦文化事業股份有限公司
採訪撰稿	林貝絲		歡迎光臨城邦讀書花園
編　　　輯	曾曉玲	香港發行所	網址：www.cite.com.tw
封面設計	走路花工作室		城邦（香港）出版集團有限公司
內頁設計	江麗姿		香港灣仔駱克道193 號東超商業中心1樓
行銷企劃	辛政遠、楊惠潔		電話：(852) 25086231
			傳真：(852) 25789337
攝影協力	Mr. Triangle		E-mail：hkcite@biznetvigator.com
服裝提供	C·H WEDDING MARYLING	馬新發行所	城邦(馬新) 出版集團
造　　　型	哈柏事務所Habooffice		Cite (M) SdnBhd 41, JalanRadinAnum,
	陳慧娟、林佳敬		Bandar Baru Sri Petaling,57000 Kuala
妝　　　髮	萱琉妝苑		Lumpur,Malaysia.
經紀公司	蓉億娛樂股份有限公司		電話：(603) 90578822
			傳真：(603) 90576622
			E-mail：cite@cite.com.my
總編輯	姚蜀芸		
副社長	黃錫鉉	印　　　刷	凱林彩印股份有限公司
總經理	吳濱伶	初版一刷	2019年（民108）6月
發行人	何飛鵬	I S B N	978-957-9199-56-8
出　　　版	創意市集	定　　　價	380元

客戶服務中心

地址：10483台北市中山區民生東路二段141 號B1

服務電話：（02）2500-7718、（02）2500-7719　　服務時間：週一至週五9：30 ～ 18：00

24 小時傳真專線：（02）2500-1990 ～ 3　　　　E-mail：service@readingclub.com.tw